DAS MITTELSPIEL IM SCHACH

VON

EUGEN SNOSKO-BOROWSKY

AUS DEM ENGLISCHEN ÜBERSETZT
VON
DR. CHRISTOF JOBST UND DR. FRIEDRICH PALITZSCH

MIT 100 DIAGRAMMEN

BERLIN UND LEIPZIG
WALTER DE GRUYTER & CO.
VORMALS G. J. GÖSCHEN'SCHE VERLAGSHANDLUNG · J. GUTTENTAG, VERLAGS-BUCHHANDLUNG · GEORG REIMER · KARL J. TRÜBNER · VEIT & COMP.
1 9 2 6

Druck von Metzger & Wittig in Leipzig.

Vorwort

Man muß sich wundern, daß das Mittelspiel im Schach, das heißt, der wichtigste und entscheidende Teil des Spiels, sein wahrer Inhalt, bis jetzt im allgemeinen noch nicht erforscht worden ist und daß tatsächlich kein Spezialbuch ihm gewidmet ist. Zu einer Zeit, wo die Eröffnung und das Endspiel bis ins einzelne durchgearbeitet worden sind, ist das Mittelspiel kein Gegenstand theoretischer Studien und es sind lediglich die praktischen Partien und ihre Analyse, die den Spieler führen. Folglich bleibt der aus Lehrbüchern Lernende, der eine Anzahl von Varianten auswendig lernt, während des Mittelspiels ganz hilflos. Die Bücher versehen ihn mit keinerlei Waffen, um ihm Selbstvertrauen im eigentlichen Kampfe zu geben und kaum hat er die Eröffnung hinter sich, so ist er ganz auf sich allein angewiesen.

Solch ein abnormer Sachverhalt hat dazu geführt, mich längere Zeit mit dem theoretischen Studium des Mittelspiels zu beschäftigen. Ob solch ein Studium möglich sei, war keine Frage für mich, wozu auch diese Frage? Mir schien das Studium nicht nur sehr wünschenswert, sondern auch sehr notwendig. Mein einziger Zweifel war, wie ich es am besten beginnen und durchführen sollte. Alle Grundlagen mußten erst geschaffen werden. Es gab nicht einmal eine Einteilung, die die Grundlage jedes Wissens ist, und die Menge des Rohstoffes, — die endlose Zahl von glossierten Partien — erschreckte mich durch seine Fülle.

Als ich in meinen Studien vorwärts schritt, sah ich deutlich, daß das Mittelspiel im Schach das eigentliche Schach ist. Schach ist weder das Endspiel, welches sich auf eine bloße, arithmetische Berechnung zurückführen läßt, noch die Eröffnung, die, von einer gegebenen Stellung ausgehend, die Kräfte durch ein unfreiwilliges Verfolgen gebahnter Wege entwickelt. Das Mittelspiel, wiederhole ich, ist das eigentliche Schach; das Schach mit allen seinen Möglichkeiten, seinen Angriffen, Verteidigungen, Opfern usw. Wenn daher eine Theorie des Spiels keine bloße Anhäufung von verschiedenen Varianten ist, sondern ein System von allgemein gültigen Wahrheiten, begründet auf objektive Tatsachen, dann wird die Theorie des Mittelspiels keine besonderen Schwierigkeiten bieten. Bis jetzt gibt es keine solche Theorie. Die Erörterungen über das Mittelspiel hingen noch in der Luft. Die Theorie, die für eine Stellung richtig war, konnte für eine andere ganz falsch sein. Wo könnte die übereinstimmende Grundlage gefunden werden? So kam ich zu der Folgerung, daß es vor allem notwendig wäre, das Schachspiel im allgemeinen zu untersuchen, das auf objektive Tatsachen gegründete Spiel.

Meiner Ansicht nach ist bisher solch eine Allgemeinuntersuchung des Schachs dürftig gewesen. Es gibt viele ausgezeichnete Werke, die so ins einzelne gehende Spielanalysen geben, daß sie fast als Lehrbücher des Mittelspiels betrachtet werden könnten. Aber alle ihre Beobachtungen sind unsystematisch und ihr Hauptaugenmerk ist auf die Eröffnung gerichtet. Die Tatsache, daß die Spiele nach den Eröffnungen eingeordnet sind, ist ein Beweis dafür. Man findet da eine große Zahl von Eröffnungs- und Endspielvarianten, aber kein Eingehen auf die Hauptgrundlagen des Schachs, deren Eigenschaften usw. Es genügt, auf die phantastischen Ansichten hinzuweisen, die über den Springerzug herrschen.

Der Versuch, den ich unternommen, war reichlich schwierig. Vor mehr als 10 Jahren veröffentlichte ich einzelne meiner Studien in verschiedenen russischen und ausländischen Schachzeitungen und Schachspalten: aber das war alles. Andere Verpflichtungen verhinderten die Ausführung meines Planes; erst jetzt konnte ich mich meinem Werk wieder zuwenden. Ein glücklicher Zufall half mir. Ich las im „British Chess Magazine“ einen Bericht über einen Vortrag von J. R. Capablanca, in welchem er von der Möglichkeit und Notwendigkeit spricht, das Mittelspiel theoretisch zu studieren. Dies führte mich dazu, über diesen Gegenstand mit meinem Freunde Philip W. Sergeant, einem talentierten, bei den britischen Schachfreunden wohlbekannten Schachspieler, zu korrespondieren. Dieser zeigte ein lebhaftes Interesse für mein Vorhaben und nachdem er einen eingehenden Plan meines Werkes empfangen hatte, brachte er mich in Verbindung mit der Verlagsfirma G. Bell & Sons, die eine freundliche Anteilnahme am Entwurf zeigte, was ich, als ein im Exil lebender Schachspieler, sehr hoch schätzte.

So kam mein Buch zustande. Der Leser braucht nicht zu denken, daß es vollkommen ist. Ich kenne seine Fehler besser, als irgend jemand, möchte aber folgendes zu seiner Verteidigung sagen. Eine große Zahl von Büchern mit Tausenden von Seiten, sind der Eröffnung und dem Endspiel gewidmet. Wie könnte denn ein kleines Buch von 180 Seiten einen so umfangreichen Gegenstand wie das Mittelspiel erfolgreich behandeln? Infolgedessen mußte ich mich beschränken und manche wichtige Frage unbehandelt lassen. Ich habe nur die großen Umrisse angegeben, aber ein eingehendes Studium ist in der Tat notwendig. Während ich bei Erörterung der überlegenen Stellung 6 Beispiele gegeben habe, hätte ich 60 geben müssen, durch deren Gruppierung ich den Gegenstand der Stellungsüberlegenheit in allen Variationen hätte erschöpfen können. In der gleichen Weise war ich gezwungen, mit dem Stoff zu verfahren, der bestimmte Stellungen behandelt, wie: sich Vorteile zunutze machen und über Schwächen siegen usw.

Die große Masse der Bücher über die Eröffnung und das Endspiel kann nach der Spielstärke ihrer Leser eingestellt werden. Einige sind für Anfänger bestimmt, einige für Vorgeschrittene und der Rest für geübte Spieler. Ich könnte keinen Unterschied dieser Art machen und mein Buch enthält deshalb Stoff für alle und es wird, hoffe ich, auch genug Material für den ernsten Spieler zu verzeichnen haben. Ich beschränke mich nicht bloß auf praktische Regeln, die das Spiel für den Anfänger bequemer machen würden. Ich behandle das Schach als ein mathematisches Problem und einen Kunstgegenstand. Mein Studium führt zum besseren Verständnis des Schachs, was dem sich vertiefenden Schachspieler nur von Nutzen sein kann.

Da ich keine Vorarbeiter im systematischen Mittelspielstudium hatte, war ich schließlich gezwungen, alles aus mir selbst zu erschaffen. Ich kenne die Mängel des ersten Versuchs, und mein einziger Wunsch ist, daß mein Buch andere darauf hinweist, ihre Aufmerksamkeit dem Mittelspiel zu widmen, anstatt den sich lang hinziehenden Eröffnungsvarianten und bedeutungslosen Endspielen. Ich sehe voraus, daß man an Stelle von besonderen Abhandlungen über die Spanische Partie oder das Damengambit Studien über den Angriff gegen die lange Rochadestellung, über die Verteidigung gegen einen Freibauern, über die Manöver von Steinen im Zentrum usw. schreiben wird.

Einige Mängel meines Buches sind darauf zurückzuführen, daß ich meiner Bibliothek beraubt war. Nicht im Besitz der nötigen Werke, war ich oftmals nicht in der Lage, das beste Beispiel zu bringen; ich weiß, daß ich in vielen Fällen hätte besser wählen können.*)

Was nun die Einteilung des Werkes betrifft, so ist sie ganz logisch und wird dem Leser der vorhergehenden Zeilen keine Überraschung bereiten. In Teil I spreche ich vom Spiel im allgemeinen, von seinen Elementen und seinen Figuren.

*) Dr. Tarraschs und Capablancas Bücher brachten mir große Hilfe.

Teil II ist dem Mittelspiel gewidmet mit Einschluß der Frage der Stellungsbeurteilung, des Entwurfs und der Ausführung von Plänen und der Analyse der drei Stellungsgruppen: Bessere, schlechtere und gleichwertige.

In Teil III. werden zahlreiche Beispiele gegeben zur Beleuchtung der allgemeinen, in den vorhergehenden Teilen ausgeführten Lehren.

Ich erlaube mir, meinen geneigten Lesern eine kleine Anweisung zu geben. Sie mögen das Buch nicht lesen als eine Eisenbahnlektüre, sondern es muß ernst und aufmerksam durchdacht, oder gar nicht gelesen werden. Die Analyse bestimmter Stellungen umfaßt 15 Seiten. Viele Seiten sind dem leeren Schachbrett gewidmet, weil ich alles klar machen wollte, damit der Leser die Grundlagen des Spiels und die wirklichen und unveränderlichen Tatsachen erfassen sollte. Das Buch ist die logische Entwicklung einheitlicher Gedanken und wenn man 1 oder 2 Seiten überspränge, würde der Zusammenhang fehlen. Der Leser muß deshalb seine äußerste Geduld und Aufmerksamkeit dem Anfang des Werkes widmen.

Während ich an meinem Buch schrieb, teilte ich dessen verschiedene Teile dem berühmten russischen Schachmeister Dr. O. S. Bernstein mit, der großen Anteil daran nahm und mich zur Fortsetzung drängte. Die deutsche Übersetzung wurde von Dr. Christof Jobst und Dr. Friedrich Palitzsch besorgt, denen ich hier meinen herzlichen Dank ausspreche.

Eugen Snosko-Borowsky.

Inhalt

Teil I. Allgemeine Betrachtungen beim Schachspiel.

Teil II. Das Mittelspiel.

Teil III. Beispiele.

TEIL I.

Allgemeine Betrachtungen beim Schachspiel.

Kapitel I.

Die Elemente des Schachs.

Das Schach, das tiefste aller bestehenden Spiele, verläuft in strengen Gesetzen, die keine Ausnahme zulassen, ähnlich denen der Mathematik oder Mechanik. Wenn wir das Wirken dieser Gesetze nicht in jedem Spiel bemerken, geschieht es deshalb, weil das Schach von Menschen gespielt wird, die sowohl ihre eigenen schöpferischen Ideen als auch ihre Schwächen und Fehler mit hineinlegen. Aber die wirklichen Fehler lassen die Gesetze in um so hellerem Lichte erstrahlen; ist doch deren Bestehen niemals so klar, als wenn sie durch einen Spieler gebrochen oder vergessen worden sind. Dann rächen sie sich bitter für das momentane Außerachtlassen und bestrafen den Spieler mit unvermeidlichem Verlust. Wo hingegen die Gesetze des Spiels logisch und sicher befolgt werden, haben wir die feinsten Beispiele der Schachkunst vor uns.

Das Schach leidet seine Gesetze und Eigenschaften von seinen eigenen Bestandteilen ab, die sein Gepräge offenbar machen und seine Gesetze diktieren. Die Elemente des Schachs sind:

1. Kraft, die den Schachfiguren beigelegt ist und sich auswirkt in
2. Raum, dargestellt durch das Schachbrett, und
3. Zeit, sich zusammensetzend aus den Zügen.

Das ganze Spiel ist eine Verbindung dieser drei Elemente und ohne ein vorhergehendes Studium derselben ist es unmöglich das Spiel kennenzulernen. 2. und 3. sollen zuerst betrachtet werden.

Raum.

Der Raum, in dem das Schachspiel stattfindet, ist begrenzt durch das Schachbrett, einem gleichseitigen Rechteck, das in 64 gleiche, kleine Felder geteilt ist (siehe Diagramm 1). Diese ideale, geometrische

Gestalt ermöglicht das Wirken von Gesetzen, nicht nur logischer, sondern auch mathematischer Art. Alle Felder sind gleich, es gibt keine Besonderkeit für das eine oder andere von ihnen. Die Verschiedenheit der Farbe ist ohne Bedeutung und beeinflußt nicht das Spiel. Die Farbe ist lediglich ein Hilfsmittel für das Auge bei der praktischen Ausübung des Spieles. Es besteht jedoch ein gewisser Unterschied zwischen den Feldern, der von ihrer Lage auf dem Brett herrührt. Gerade so wie wir im Kreise einen Unterschied zwischen dem Mittelpunkt und jedem Punkte des Unfanges erkennen, so finden wir einen Unterschied zwischen den verschiedenen Feldern auf dem Schachbrett.

Diagramm 1.
Das Schachbrett.

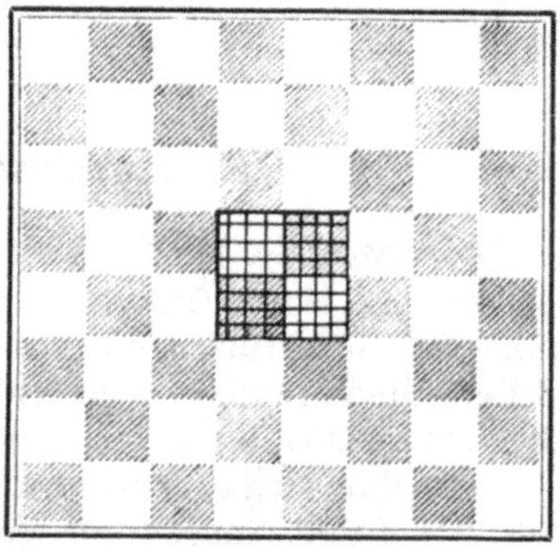

Diagramm 2.
Das Zentrum.

Der Hauptunterschied, der leicht festgestellt werden kann, ist der zwischen den Zentrumsfeldern und denen am Rande des Brettes. Dies rührt in erster Linie daher, daß die Zentrumsfelder eine geringe Entfernung zu allen andern haben, während die Randfelder von denen des entgegengesetzten Randes weit entfernt sind. Daher bedeutet der Besitz des Zentrums sachlich soviel wie die Kontrolle des ganzen Brettes, weil vom Zentrum aus nach jedem Punkte bei einem Angriff Hilfe geschickt werden kann. Ebenso kann vom Zentrum aus gegen jeden Punkt der feindlichen Stellung ein Angriff begonnen werden.

Zweitens sind die Zentrumsfelder rings von anderen umgeben, während die Randfelder auf einer Seite keine Nachbarfelder haben. Daher kann ein Stein im Zentrum seine Kraft nach allen Seiten geltend machen, während ein Stein am Rande in seiner Wirkung begrenzt ist. Wie wir später sehen werden, hat jeder Stein, eine besondere Kraft; aber diese Kraft verändert sich infolge verschiedener Bedingungen, und vor allem ist das Feld, auf dem der Stein steht, von Wichtigkeit. Es ist einleuchtend, daß die Kraft eines Steines um so geringer ist, je begrenzter der ihm zur Verfügung stehende Raum ist. Man kann daher sagen, daß ein Stein um so mehr Kraft hat, je näher er dem Zentrum ist und daß er um so schwächer ist, je entfernter er vom Zentrum steht. Es ist daher vorteilhaft, die Zentrumsfelder mit einigen Steinen besetzt zu halten.

Wenn wir die vier Mittelfelder als das Zentrum des Brettes betrachten (siehe Diagramm 2), so werden diese die wertvollsten Felder sein. Wie wir schrittweise nach dem Rande gehen, so werden die Felder geringwertiger; ihr Wert vermindert sich proportionell und die Außenfelder sind die schwächsten. Es ist leicht möglich, eine

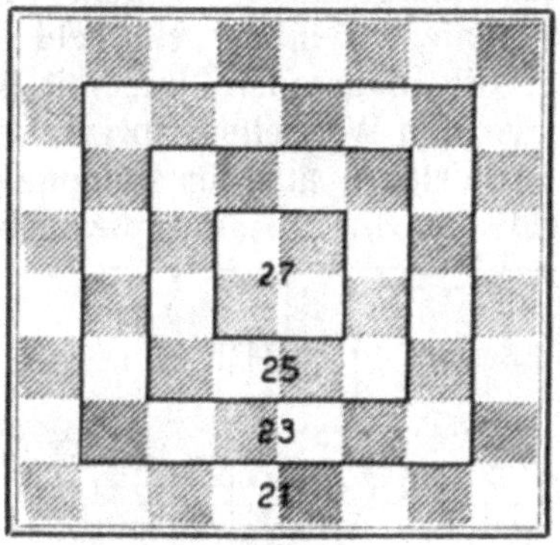

Diagramm 3.
Die Feldergürtel.

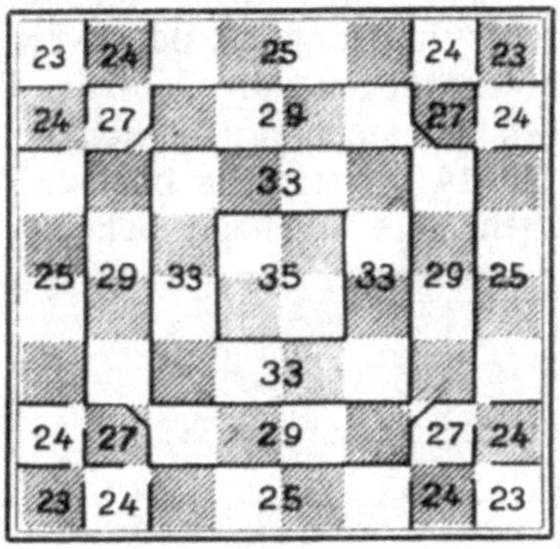

Diagramm 4.
Der Wert der Felder.

ziemlich treffende vergleichsweise Schätzung über den Wert der Felder abzugeben, die lediglich auf der Zahl der Felder beruht, die miteinander im selben Bezirk liegen. Wenn wir ihre Lage in senkrechter, wagrechter und schräger Richtung betrachten, so bekommen wir bestimmte „Gürtel" von Feldern, deren Wert durch die Zahlen 27, 25, 23, 21, bezeichnet wird (siehe Diagramm 3). Wenn wir die Möglichkeit von Springerzügen in unsere Betrachtung aufnehmen, dann bekommen wir sogar noch eine ausführlichere Einteilung der Felder mit den Werten 35, 33, 29, 27, 25, 24, 23, (Diagramm 4).

Es gibt noch einen anderen Unterschied zwischen den Feldern, der hier erwähnt werden muß. Die Verschiedenheit der Farbe der Felder erleichtert die Erläuterung dieses Punktes. Abgesehen von der Lage eines Feldes in Beziehung zum Zentrum nimmt jedes Feld an verschiedenen Feldersystemen teil, und diese Feldersysteme ergeben verschiedene Linien auf dem Brett, senkrechte, wagrechte und schräge. Sie zerfallen in zwei Gruppen, erstens senkrechte und wagrechte, die in Wirklichkeit dasselbe sind, betrachtet von verschiedenen Stellungen aus und zweitens schräge. Die senkrechten Geraden sind bekannt als „Linien", die wagrechten als „Reihen".

Der Unterschied zwischen den beiden Gruppen ist grundlegend. Die erste Gruppe nimmt auf die Farbe der Felder keine Rücksicht und schließt schwarze und weiße ein; wer infolgedessen die wagrechten und senkrechten Linien beherrscht, hat einen Einfluß über das ganze Brett und kann undurchdringliche Stellungen aufbauen. Wer andererseits nur eine Schräge beherrscht, kontrolliert lediglich Felder einer Farbe, beherrscht nur das halbe Brett und kann keine undurchdringliche Stellung aufbauen, Diagonalen sind daher stets schwächer als Horizontalen und Vertikalen.

Das kann auch folgendermaßen klargemacht werden. Auf welcher horizontalen oder vertikalen Linie wir immer ein Feld annehmen mögen, die Zahl der Felder, die in gerader Linie mit ihm liegen, ist stets 14; folglich können wir den Wert einer Horizontalen gleich 14 setzen. Die höchste Zahl von Feldern auf den Diagonalen, ausgehend von einem beliebigen Feld, ist nur 13 und diese Zahl

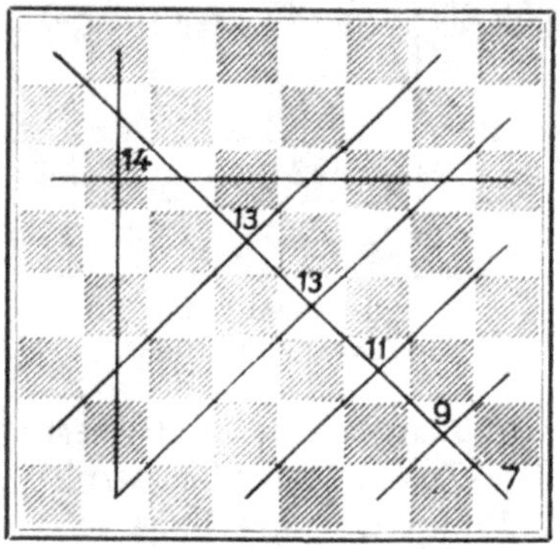

Diagramm 5.
Wert der Geraden und Schrägen.

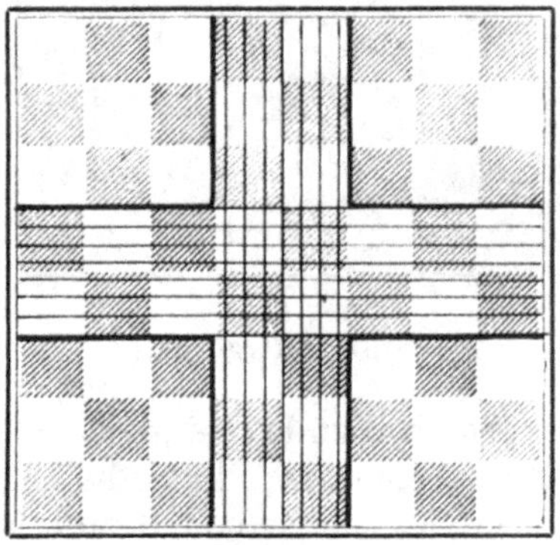

Diagramm 6.
Die stärksten Linien.

vermindert sich fortschreitend auf 11, 9, 7 wie im Diagramm 5 gezeigt wird. Daraus folgt, daß geradeso, wie Steine im Zentrum stärker als Steine am Rande, ebenso Steine, die lediglich Diagonalen beherrschen, schwächer sind als solche, die Reihen oder Linien beherrschen, wie wir sie ganz allgemein in Zukunft nennen wollen.

Die Linien des Schachbrettes können in anderer Weise gruppiert werden, gemäß ihrer Richtung.

Da wir gesehen haben, daß es einen Unterschied in der Stärke der Felder gibt, ist es von großer Wichtigkeit beim Spiel, wer von beiden Spielern eine Linie mit einer Anzahl von starken oder schwachen Feldern besetzt hält. Diagramm 4 zeigt deutlich, daß die schwächsten Linien diejenigen sind, die die schwächsten Eckfelder enthalten. Es ist sehr wichtig, die stärksten Felder unter Kontrolle zu halten, d. h. die Zentrumsfelder. Deshalb sind die beiden Längsdiagonalen stärker, als die anderen Diagonalen. Weiter wissen wir auch, daß die Diagonalen schwächer sind als die Reihen oder Linien; und daher sind die allerstärksten Linien und Reihen diejenigen, die das Zentrum passieren (Diagramm 6). Jede dieser Linien wird durch die Zahl 246 dargestellt. Die stärkste Diagonale, von einer Ecke zur andern laufend entspricht der Zahl 238. Die beiden Diagonalen die auf einem Randfelde zusammentreffen, enthalten zusammen nur 8 Felder, geradesoviel wie eine einzige Mitteldiagonale.

Die Linien die von einem Randfeld entweder wagrecht oder senkrecht laufen, können als die schwächsten angesehen werden; aber dies ist nicht ganz der Fall. Aus der Tatsache, daß sie am Rande verlaufen, folgt, daß sie stärker für die Verteidigung sind. Sie können nicht zum Zwecke eines Angriffes überschritten werden und sind nur auf einer Seite angreifbar. Die in Wahrheit schwächsten Linien sind die Nachbarlinien der Randlinien (Diagramm 7).

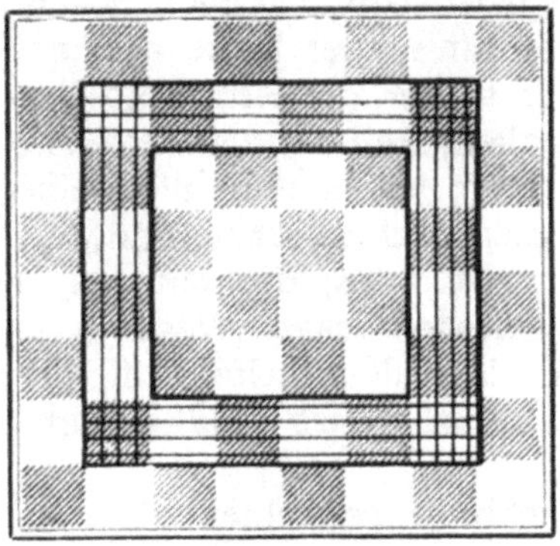

Diagramm 7.
Die schwächsten Linien.

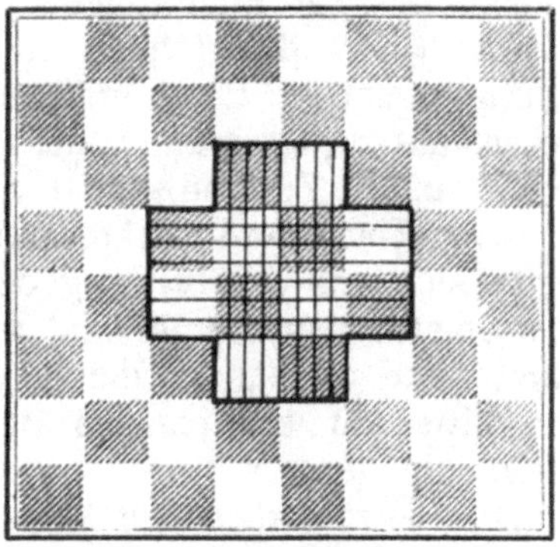

Diagramm 8.
Die stärksten Felder.

Nachdem wir dies betrachtet haben, können wir die Zahl der starken Felder vergrößern. Die vier Mittelfelder sind unstreitbar die stärksten von allen; wenn wir nun zu ihnen die stärksten Linien hinzufügen, die das Zentrum passieren und die schwächsten ausscheiden, veranschaulicht im Diagramm 7, und ebenfalls die vergleichungsweise schwachen Diagonalen weglassen, dann erhalten wir die 12 stärksten Felder auf dem Brett, welche im Diagramm 8 gezeigt sind.

Bedeutet dies nun, daß es am besten ist, die Steine so zu stellen, damit sie die 12 stärksten Felder einnehmen? Natürlich nicht. Solch eine Stellung würde vier Kampfrichtungen an Stelle einer bedeuten. Die Politik des Spieles ist nicht nur, starke Stellungen einzunehmen, sondern auch schwache zu schützen. Alles in allem, die 12 Felder haben ihre besondere Bedeutung, die nicht vermindert wird durch die Feststellung des zuletzt erwähnten Satzes. Es kann leicht gesehen werden, wie wichtig sie sind, wenn eins vom Gegner eingenommen ist. Ohne so weit zu gehen, daß man die Stellung als eine belagerte Festung oder einen militärischen Kampfplatz betrachtet, sehen wir doch, daß es notwendig ist, die stärksten Felder als die Grundlage für die häufigste Kampfart auf dem Schachbrett zu benutzen, den Durchbruch des Zentrums. Aber, noch hinzugefügt, wir wissen, daß der schwächste Teil sich im Zentrum zu halten versucht und sich nicht auf die Seite des Brettes treiben läßt. Und was kann stärker sein als ein Mittelbauer.

Im allgemeinen gesprochen, um ein Feld zu halten, ist es nicht nötig, daß ein Stein darauf gestellt wird. Zuweilen genügt es, das betreffende Feld in der Reichweite eines Zuges zu haben. Hier gibt es wieder einen Unterschied zwischen den Diagonalen und den Linien und Reihen. Ein Stein auf einer Diagonale im Zentrum schlägt in zwei Richtungen, nach jeder von den vier Seiten des Brettes, während ein Stein auf einer Linie oder Reihe nur in einer Richtung schlägt. Es ist infolgedessen besser, die Steine, die diagonal ziehen, auf die Zentrumsfelder zu stellen; und um andererseits einen Druck auf die Zentrumsfelder auszuüben, ist es nötig, die Steine, die auf wagrechten und senkrechten Linien stehen, anzuwenden. Das ergibt sich aus der Stellung des Schachbrettes, das mit den Seiten zum Spieler gewandt ist und nicht mit den Ecken. Wenn es anders wäre, dann würden es die diagonal ziehenden Steine sein, die von der Mitte auf ein jenseits der Mitte gelegenes Feld der anderen Partei schlügen.

Bis jetzt haben wir das Schachbrett betrachtet, ohne an die feindliche Stellung zu denken; wenn wir jedoch dies in Betracht ziehen, sehen wir auf einmal eine Wendung im Charakter der Felder. Wir müssen einiges zu dem Vorhergesagten hinzufügen. Wir haben bereits eine allmähliche Veränderung bei den Feldern bemerkt, die vom Zentrum nach allen Richtungen geht. Wenn es vier Gegner an den vier Seiten des Brettes gäbe, dann brauchten wir an den bisherigen Feststellungen nichts zu ändern. Aber es sind nur zwei Gegner einander gegenüber, und deshalb müssen Züge entlang den Linien anders gekennzeichnet werden als Annäherungen oder Rückzüge vom Gegner oder Züge entlang einer Front.

Zur Bequemlichkeit der Analyse der sich ergebenden Änderungen werden wir das Zentrum verlassen und in die Stellung von einem der beiden Gegner übergehen. Da ihre Stellungen gleich sind, gilt für den einen dasselbe wie für den andern, jedoch in entgegengesetzter Bedeutung. Am leichtesten ist es, die Veränderungen der Felder im Verlaufe der Querreihen zu betrachten, vom Zentrum nach den Seiten zu. Hier gibt es keine Gelegenheit, sich den eigenen oder feindlichen Steinen zu nähern oder sich von ihnen zu entfernen. Daher bleibt alles, was bereits über den Charakter der Felder gesagt worden ist, als richtig bestehen. Veränderungen, die sich demgegenüber ergeben können, sind lediglich in den besonderen Stellungseigentümlichkeiten begründet. Nunmehr begeben wir uns auf das Gebiet der Wirkungsweise der verschiedenen Steine auf dem Schachbrett. Um dies zu verstehen, ist es notwendig, mit den Steinen selbst und ihren Eigenschaften bekannt zu werden. Wir werden daher in der Betrachtung dieser Frage erst später eintreten. Um jedoch alle Zweifel zu zerstreuen, bis wir zur Besprechung kommen, wie die Steine auf den verschiedenen Feldern, die sie einnehmen, wirken können, genügt es, zu betrachten, wie die Rolle der Felder verändert wird, wenn der König darauf steht.

Die Frage ist viel komplizierter, wenn wir die Veränderungen in bezug auf die Längslinien betrachten, die sich einem Gegner nähern und vom andern weggehen. Hier finden wir, daß die Zentrumsfelder nicht ganz dieselben sind wie bisher. Da das Schachbrett kein Kreis mit einem Mittelpunkt ist, sondern im Gegenteil vier Seiten hat, jede mit einer gleichen Anzahl Felder, so besitzt es deshalb nicht ein Zentrum, sondern vier Zentrumsfelder mit gewissen Unterschieden. Wenn wir die Felder in horizontaler Richtung betrachten, sehen wir, daß die Unterschiede von der Stellung abhängen, die verschiedene Steine darauf einnehmen; aber wenn wir sie in senkrechter Richtung betrachten, sehen wir, daß eins von jedem Felderpaar einem Lager nahe ist, das andere dem gegenüberliegenden. Wenn wir die Mittellinie, die das Brett in zwei Hälften teilt, d. h. die Linie zwischen vierter und fünfter Felderreihe passieren, so führt das Kreuzen dieser Linie zu einem Wachsen der Wirksamkeit. Solange die Steine auf ihren ursprünglichen Reihen verbleiben, können wir nicht von einem aktiven oder passiven Charakter des Spieles sprechen. Aber das Vorrücken auf die fünfte Reihe führt zur Steigerung der Tätigkeit und Regsamkeit mit allen Vorteilen und Gefahren dieser Spielweise.

Es ist nicht nötig, zu erklären, daß bis zur Mittellinie die Veränderungen im Werte der Felder dieselben bleiben, wie gezeigt worden ist (d. h. ihr Wert wächst allmählich) und es ergibt sich nur, daß wir nach Kreuzen der Mittellinie eine gewisse neue Veränderung empfangen. Hier verlassen wir unsere eigene Stellung und nähern uns dem Feinde. Demzufolge ist die Besetzung der sechsten und siebenten Reihe für den Feind sehr bedrohlich und infolgedessen für die eigne Seite von Nutzen. Wir dürfen aber auch nicht vergessen, daß die Entfernung solcher Felder die Stellung der besitzergreifenden Steine sehr gefährlich macht. Große Anstrengungen sind oft nötig, um sie zu schützen, und Steine, die zu rasch vorrücken, werden oft vom Feinde erbeutet.

Ähnlich wechselt nicht nur der Wert des Feldes im Hinblick auf die feindliche Stellung, sondern auch die Natur dieses Wertes wird verändert, wenn wir die Grundbegriffe der Aktivität und Passivität einführen. Die dritten und sechsten Felder auf den Mittellinien sind ganz gleich hinsichtlich ihres Wertes, jedoch ist die Natur des Wertes für jeden Gegner ganz verschieden. Jede Seite versucht die stärksten Stellen einzunehmen, und den Feind am solchem Tun zu verhindern. So sehen wir, daß wir — ganz abgesehen von der Stellung der Steine — starke und schwache Felder unterscheiden, je nachdem sie den Steinen volle Freiheit geben, unseren eigenen oder denen des Gegners. Aber alles dies zeigt, daß es selbst für die passive Verteidigung nicht vorteilhaft ist, sich auf die ersten zwei oder drei Reihen zu beschränken, da man auf diese Weise nur schwache Stellungen besetzt hält. Die Steine sind in ihren Bewegungen beschränkt und gehen der gegenseitigen Zusammenwirkung und Unterstützung verlustig und was wichtiger ist: je entfernter ein Stein vom Feinde ist, um so mehr Bewegungsfreiheit hat der letzte.

Soweit stimmen diese Betrachtungen, als wir vor uns ein leeres Schachbrett ohne Steine haben. Schon beim eifrigen Studium des Brettes allein haben wir höchst wichtige Ergebnisse erhalten, deren Wert wir später noch erkennen werden, wenn wir das Spiel selbst zu studieren beginnen. Wir haben gefunden:

1. daß die Felder nicht überall auf dem Brett gleichwertig sind, sondern in Wert und Wichtigkeit sehr verschieden sind, indem sie am stärksten im Zentrum und am schwächsten an den Rändern sind, besonders in den Ecken.

2. daß die Felder Linien bilden, unter denen die Diagonalen schwächer sind als die Querreihen und Längslinien, und daß hinsichtlich Aktivität und Passivität die Querreihen neutral sind, während die Längslinien aktiv sind.

3. daß die Längslinien, die durch das Zentrum gehen, stärker sind als die anderen und daß die schwächsten Linien, nächst den Diagonalen, die zweiten beiderseits vom Rande aus sind.

4. daß es vorteilhaft ist, ins Zentrum Steine zu stellen, die die Diagonalen beherrschen, weil die Diagonalen vom Zentrum nach allen Seiten des Brettes in zwei Richtungen verlaufen, während es besser ist, Steine zu benutzen, die man in einer gewissen Entfernung auf den Längslinien aufstellt, falls ein Angriff auf die Mittelstellung des Feindes gemacht werden soll.

5. Schließlich, daß die Felder die Kraft der Steine beeinflussen, und daß deshalb die Steine auf die stärksten Linien und Felder gestellt werden müssen, um ihre volle Kraft auszuüben.

Im Hinblick auf die Beziehung zwischen Raum und Zeit wird dies weniger von selbst augenscheinlich, als durch die Wirkungsweise der Steine.

Zeit.

Wenn es schon schwierig war, den Raum zu analysieren, so ist es jedoch noch schwieriger, die Zeit zu zergliedern. Vor allem deshalb, weil wir die Zeit nicht sichtbar machen können und sie daher auf abstraktem Wege erläutern müssen; zweitens ist die Zeit im Schachspiel unbegrenzt. (Die Begrenzung der Zeit durch Uhren bei Turnieren und Wettspielen geht uns hier nichts an.) Später vielleicht einmal, wenn alle Züge bekannt und festgesetzt sind, wird die Zeit im Schach genau bestimmt sein. Dann wird es indessen mit dem wahren Schachspiel vorbei sein. Und selbst dann könnte die Zeit nicht für jedes Spiel in gleicher Weise bestimmt sein, wie es einen bestimmten Raum und eine bestimmte Kraft geben würde. Folglich kann das Element „Zeit“ nicht so klar auseinander gesetzt werden, wie es mit dem Element Raum möglich war; und daher ist weniger über den Gegenstand „Zeit“ zu sagen.

Wie wir beim Raum das Zentrum hatten und die Felder, die sich mit ihrer Entfernung vom Zentrum im Werte verminderten, so finden wir bei der Zeit eine ähnliche Einteilung. Was die Zeit anbelangt, so hat jedes Spiel einen Beginn, eine Mitte und ein Ende. Deren Bedeutung ist ganz verschieden.

Der Beginn des Spieles enthält vor allem die Entwicklung der Streitkräfte, die Vorbereitung für das eigentliche Spiel (als welches der mittlere Teil zu bezeichnen ist) und den Willen, das Spiel zu meistern. Sowohl die Felder des Schachbretts, als auch die Zeit haben einen gleichen Einfluß auf die Schachfiguren. Der Spieler, der seine Entwicklung vor dem Mittelspiel nicht vollendet, schwächt alle seine Steine; dagegen gibt der Spieler, der sich fürs Mittelspiel entwickelt hat, seinen Steinen eine größere Kraft. Das Endspiel andererseits ist die Abrechnung und Verwirklichung dessen, was man im Mittelspiel erreicht hat; und gerade hier ist die Zeit von weitgehender Wichtigkeit. Die Schnelligkeit spielt eine große Rolle, wenn es sich darum handelt, einen Bauer zur Dame zu führen.

Beim Raum hatten wir die Felder, die wir als die Einheit des Raumes bezeichnen können, bei der Zeit sind die Züge die Einheit. Geradeso wie alle Felder dieselbe Größe im Raum besitzen, haben alle Züge dieselbe Länge in der Zeit. Mit absoluter Regelmäßigkeit wechseln sie zwischen den beiden Gegnern. Und genau so wie die Felder in ihrer Lage verschieden sind, sind auch die Züge verschieden.

Der Zug ist die Einheit der Zeit. Wenn ein Spieler bei irgendeinem Monöver zweimal zieht, während er nur einmal hätte zu ziehen brauchen, hat offensichtlich jeder seiner beiden Züge seinen halben Wert verloren. Dies ist klarer, als wenn wir den Fall annehmen, daß der zweite Zug den ersten aufhebt, d. h. die Handlung auf den Ausgangspunkt zurückführt, so daß es ebenso ist, als wenn überhaupt kein Zug geschehen wäre.

Der nächste Unterschied, den man bei den Zügen findet, kommt daher, ob sie durch den Gegner erzwungen sind oder nicht. Je freier die Züge sind, und je mehr Auswahl im Ziehen die Steine haben, um so stärker sind sie. Erzwungene Züge dagegen schwächen die Steine und das ganze Spiel. Das Ziel der Entwicklung besteht darin, das Spiel von der Anfangsstellung, wo die Zahl der möglichen Züge begrenzt ist, in eine andre Stellung überzuführen mit einer wachsenden Zahl von Zügen. Wenn die Zahl abzunehmen beginnt, ist dies ein Zeichen, daß die Steine und das ganze Spiel anfangen, schwächer zu werden.

Das dritte Kennzeichen der Züge ist die Wichtigkeit ihrer Ausführung zur rechten Zeit. Ein und derselbe Zug zu verschiedenen Zeiten ausgeführt, hat einen ganz verschiedenen Wert. Das Studium des Brettes zeigt uns, nächst den Feldern, auch Linien, die Systeme von Feldern sind. Ein System von Zügen gibt es in der Zeit.

Kein Spieler kann einfach von Zug zu Zug spielen. Der Plan des Spieles besteht in einer Folge von Zügen, die allen Anforderungen gerecht werden muß — d. h. volle Freiheit für sich selbst und Beengung für den Gegner, eine regelrechte Ordnung von individuellen Zügen und schließlich der Gebrauch der ganzen Kraft jedes Steines bei jedem Zuge. Sie müssen alle zu einem gemeinsamen Ziele führen, um eine Zugfolge zu bilden.

Bei den Zügen finden wir auch Aktivität und Passivität. Im Raum wurde die erste offenkundig durch das Überschreiten der Mittellinie in Richtung auf das feindliche Lager. In der Zeit offenbart sich die Aktivität durch das Niederschlagen der feindlichen Verteidigung.

Damit wollen wir unsere Auseinandersetzung über die Zeit abschließen.

Kraft.

Zeit und Raum sind die Bedingungen des Schachspiels. Das aktive Element ist die Kraft, die Zeit und Raum verbindet; diese beiden wirken durch sie aufeinander und zeigen sich in ihr in ihrer klarsten Form. Welches sind diese Kräfte?

Wir wissen, daß die Züge in der Zeit, ähnlich die Felder im Raum, untereinander gleich sind. Sind die Kräfte untereinander dieselben oder ähnlich? Paßt dasselbe Prinzip für alle Steine? Lediglich eine bestätigende Antwort auf die letzte Frage wird uns erlauben, von einer logischen Grundlage des Schachspiels zu sprechen. (Wir vergessen nicht, daß das Schach keine Geometrie ist und daß daher, wenn die Antwort mehr annähernd als genau ist, dies unwichtig ist.)

Wenn wir nun die Steine analysieren, welche die Kraft im Schach darstellen,

König, Dame, Turm, Läufer, Springer, Bauer,

so werden wir finden, daß eine solche Einheitlichkeit besteht. Die Steine unterscheiden sich nur in ihren Zügen, die eine lange historische Entwicklung durchgemacht haben, ehe sie die heutige Form bekommen haben. Es gibt keine anderen Unterschiede zwischen ihnen — wie wir später sehen werden, machen Bauer und König gewisse Ausnahmen — und ihre Kraft liegt lediglich in ihren Bewegungen, die alle demselben Plane folgen.

Die Stärke der Steine wird sichtbar in ihrer Schnelligkeit, d. h. ihrer Fähigkeit, das Maximum an Raum im Minimum an Zeit zu bestreichen (oder dies auch nur anzudrohen). Auf diese Weise wird die Stärke jedes Steines durch Zeit und Raum ausgedrückt. Dies zeigt das feste Gefüge des Schachspiels und die Notwendigkeit, Zeit und Raum eingehend zu studieren.

Alle Bedingungen muß man kennen und klar verstehen, um eine richtige Auffassung von den Steinen zu haben, ohne die Eigenart eines jeden von ihnen zu übertreiben oder zu vernachlässigen. Wir können den Unterschied beachten, der außerhalb des Schachs hinsichtlich der Kräfte besteht, die nicht von Zeit oder Raum abhängig sind. Zu einigen Spielen (z. B. Kartenspiel, Billard) zählen manche Einheiten mehr, andere weniger. So ereignet es sich auch im Kriegswesen oft, daß zwei Maschinen denselben Raum in derselben Zeit bestreichen, aber sich hinsichtlich ihrer Kampfkraft unterscheiden. Etwas Ähnliches gibt es im Schach nicht. Die Dame unterscheidet sich von den Bauern nur dadurch, daß sie eine größere Anzahl von Feldern in derselben Zeit bestreicht.

Wir müssen also, um die Steine zu kennen, ihre Bewegungsmöglichkeit kennen.

Die Einheit der Zeit ist, wie wir sahen, der Zug, die Einheit des Raumes das Feld. Die Einheit der im Schach wirksamen Kräfte ist ein Zug auf ein Feld (siehe Diagramm 9). So kann im Prinzip der Zug des Bauern als die Krafteinheit der Steine angesehen werden. Der Bauer stellt jedoch nicht genau die Krafteinheit im Schach dar, weil seine Bewegung nicht lediglich auf ein Feld beschränkt ist. Einmal im Spiel, wenn er das erste Mal zieht, kann jeder Bauer zwei Züge auf einmal machen — eine Vorkehrung, die in dem Gedanken getroffen ist, die Entwicklung zu beschleunigen. Andererseits kann ein Bauer, der auf die 8. Reihe gelangt ist, gegen einen beliebigen Stein der gleichen Farbe ausgetauscht werden. (Dies wurde wahrscheinlich bestimmt, um den Spieler mit einer Bauernmehrheit zu belohnen und ihm zu ermöglichen, durch eine solche Mehrheit zu gewinnen). Was am wichtigsten ist: ein Bauer schlägt nicht, wie er zieht, sondern schräg, nach rechts und links.

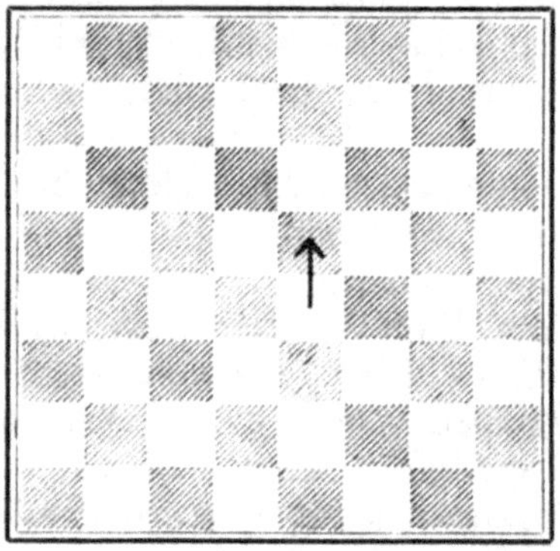

Diagramm 9.

Wenn beim Zweischritt ein Bauer ein Feld überschreitet, auf dem er durch einen feindlichen Bauern hätte geschlagen werden können, so hat diese Bauer das Recht, ihn zu schlagen, wie wenn er nur einen Schritt gemacht hätte. Dies nennt man Schlagen en passant oder im vorbeigehen.

Der Bauer unterscheidet sich von allen anderen Steinen dadurch, daß er nicht in derselben Weise schlägt, wie er zieht, wie es bei den anderen Steinen der Fall ist. Der Sinn dieser Regel ist wahrscheinlich der, daß der Bauer dadurch fähig ist, seine Linie zu wechseln. Sonst würden ihn lediglich senkrechte Züge auf eine Linie beschränken, wodurch das Spiel sehr eintönig werden würde. Aber diese Eigentümlichkeit des Bauern gestattet uns, zu verstehen, daß die Steine im Schach nicht nur senkrecht, sondern auch diagonal ziehen, und so werden wir nicht überrascht sein, ähnliche Gangarten bei den anderen Steinen kennenzulernen.

Es gibt noch einen anderen Unterschied zwischen dem Bauern und den anderen Schachsteinen — den „Figuren“, wie man sie gewöhnlich im Gegensatz zum Bauern nennt. Der Bauer kann weder rückwärts noch seitwärts ziehen. Daher sind die Figuren aktiver als die Bauern; die letzteren sind bodenständiger und bringen Halt ins Spiel.

Wenn ein Bauer vorgerückt ist, kann er nicht wieder zurückgenommen werden, ein Anlaß, ihn vorsichtig zu behandeln. Trotzdem die Bauern die schwächsten Steine auf dem Brett sind, dienen sie als ein glänzendes Verteidigungsmittel. Sie erlauben keinem Stein die Annäherung, ohne daß er sich dem Geschlagenwerden aussetzt. Wenn sie in der Lage sind, vorzurücken, sind sie furchtbar im Ansturm, da sie nur durch des Gegners Bauern aufgehalten werden können. Hinzugefügt werden mag, daß sie um so stärker werden, je näher sie der 8. Reihe stehen, denn sie können in eine beliebige Figur, ausgenommen den König, verwandelt werden, sobald sie diese Reihe erreichen. Infolgedessen kann ein Mehrbauer das Spiel gewinnen, wo eine Figur dies nicht vermag. Um so mehr ist die Pflicht, sorgsam mit den Bauern umzugehen, und die Notwendigkeit, sie bis zum Äußersten zu erhalten, offensichtlich. Gewiß ist es notwendig, alle Steine zu entwickeln und dabei den schwächeren dem stärkeren unterzuordnen. Nichtsdestoweniger hat der Spieler, der seine Bauern auf ihren Plätzen bis zum Endspiel hält, die bessere Aussicht, zu gewinnen.

Wenn wir alle Bewegungsarten der Bauern summieren, bekommen wir die im Diagramm 10 gezeigte Figur. Wir bemerken, daß der Bauer ungefähr $3^1/_2$ Einheiten der Schachkraft gleichwertig ist, da der Doppelschritt nur einmal im Spiel erlaubt ist. Die Möglichkeit, den Bauern in einen hochwertigen Stein zu verwandeln, ist nicht so wichtig im Vergleich mit seiner Unfähigkeit, rückwärts oder seitwärts zu ziehen; und daher können wir ihm keine größere Zahl von Krafteinheiten zubilligen.

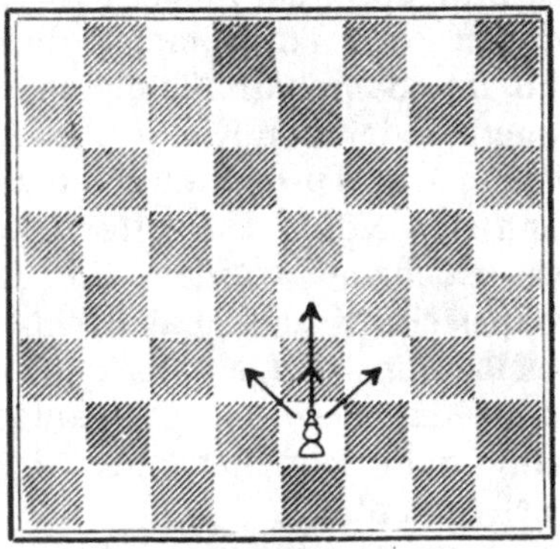

Diagramm 10.

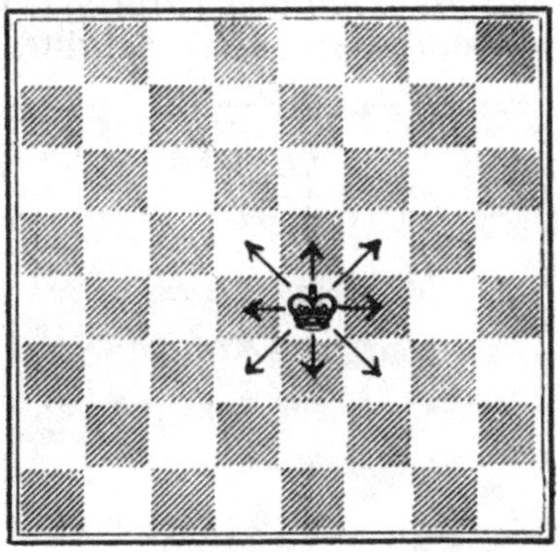

Diagramm 11.

Die Figur, die dem Bauern am ähnlichsten ist, ist der König, der ebenso ein Feld in der Zeiteinheit sich fortbewegt, jedoch nach allen Seiten (Diagramm 11). Wenn der Bauer als die Krafteinheit für die Schachsteine genommen wird, so dient der König als die Krafteinheit für die Figuren (zum Unterschied von den Bauern), und ist der Grundtypus der Figuren, speziell der Dame, die ebenfalls nach allen acht Richtungen zieht. Der König gleicht allen anderen Figuren darin, daß er ebenso schlägt, wie er zieht. Seine Kraft beträgt 8 Einheiten, und verglichen mit dem Bauern zählt er $8:3^1/_2 = 2^1/_3$ Bauern.

Der König hat indessen eine Besonderheit, die ihn verschiedenwertig von den übrigen Steinen und die Erwägung über seine Kraft nutzlos macht. Während alle andern Steine geschlagen werden können, ist mit dem Verlust des Königs zugleich das ganze Spiel verloren. So hat der nächst dem Bauern schwächste Stein die höchste Bedeutung von allen Figuren.

Diese Besonderheit stellt den König abseits vom Spiel. Man kann nicht den Verlust des Spieles riskieren, indem man den König ziehen läßt, zumal da er, als eine schwache Figur, keine wichtige Rolle darin spielen kann. Lediglich im Endspiel, wenn die Mattgefahr geringer ist, und wenn nur noch wenige Figuren vorhanden sind, so daß selbst ein Bauer zur Dame werden kann, bekommt der König eine aktive Kraft und spielt eine wichtige Rolle im Spiel. Bis dahin besteht seine Hauptrolle darin, einen sicheren Platz einzunehmen und mit den anderen Steinen nicht zusammenzugeraten.

Darauf gründet sich die sogenannte Rochade, ein eigenartiges und zusammengesetztes Manöver, durch das der König aus dem Spiel und der Turm ins Spiel gebracht wird. Um diesen Zug zu verstehen, müssen wir sehen, was sonst für komplizierte Bewegungen nötig wären, um den Turm ins Spiel zu bringen. Man müßte entweder den Randbauern zwei Schritte vorziehen, den Turm hinter diesen und ihn dann vor alle die andern Bauern, oder den König vorwärts ziehen, den Turm hinter ihn und dann den König zur Seite ziehen. Die Rochade wurde, wie der Doppelschritt des Bauern beim Spielbeginn, eingeführt, um die Entwicklung zu beschleunigen, damit man schneller zum Mittelspiel kommt.

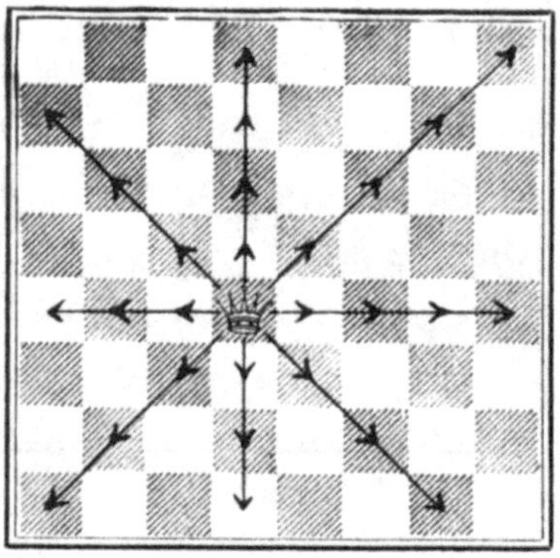

Diagramm 12.

Vom König gehen wir naturgemäß zur Dame über, deren Züge denen des Königs ähneln in allen acht Richtungen, senkrecht, wagrecht und schräg. Nur anstatt auf ein Feld begrenzt zu sein, kann sie bis in die Ecke des Brettes ziehen. (Diagramm 12.) So beherrscht die Dame das ganze Brett und ihre Kraft = 28 ($28:3^1/_2 = 8$ Bauern). Die Dame ist der stärkste Stein des Spieles und wenn der Verlust des Königs das Ende des Spieles bedeutet, so ist der Verlust der Dame in Wirklichkeit soviel wie Spielverlust. Daher müssen alle Damenzüge sehr sorgfältig gemacht werden, weil sie von jedem Stein des Gegners angegriffen werden kann, selbst dem schwächsten. In der Eröffnung müssen wir besonders vorsichtig die Dame entwickeln, denn hier hat sie noch nichts genügend Wichtiges für ihre Angriffe.

Da sie auch Wagrechten, Senkrechten und Schrägen nach allen Richtungen hin angreift, kann ihre volle Kraft nur vom Zentrum des Brettes aus in Erscheinung treten. Die Angriffskraft der Dame hat, wie die jeder anderen Figur, nach rückwärts (d. h. nach ihren eigenen Steinen zu) keine Wirkungsmöglichkeit, und daher verliert die Dame nicht viel von ihrer Kraft, wenn sie aus der Ferne wirkt.

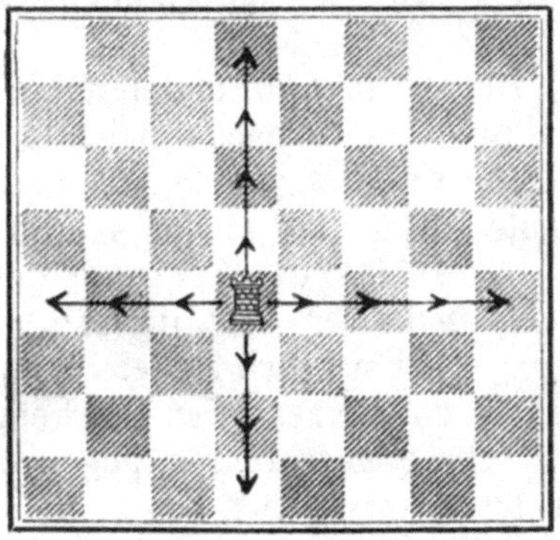

Diagramm 13.

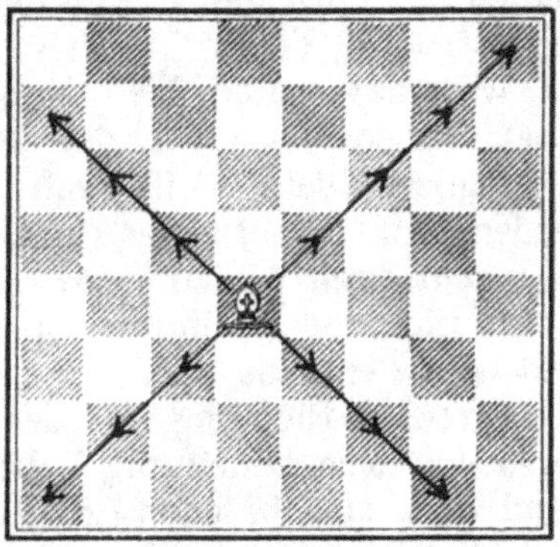

Diagramm 14.

Die Dame ist die typische Figur des Mittelspiels, weil sie im allgemeinen in der Eröffnung nicht herausgebracht wird und gewöhnlich im Endspiel nicht mehr vorhanden, sondern zuvor geschlagen worden ist. Die Dame vereinigt mit ihrer Bewegung nach allen Richtungen, senkrecht, wagrecht und schräg, die Gangart von zwei Figuren, des Turmes und des Läufers; der Turm zieht nämlich senkrecht und wagrecht, der Läufer schräg (Diagramme 13 und 14). Die Kraft des Turmes ist gleich 14 ($14:3^1/_2 = 4$ Bauern). Die Kraft des Läufers ist 13 (nahezu 4 Bauern). Das heißt, sie sind ungefähr gleichwertig; und sie würden es tatsächlich sein, wenn wir nicht den Unterschied zwischen verschiedenen Linien kennen würden, daß nämlich die Diagonalen schwächer sind, als die Reihen und Linien. Der erste Unterschied besteht darin, daß die Diagonale eine einfarbige Linie ist, und daher ein auf ihr stehender Stein der Zugmöglichkeit auf die Hälfte des Brettes entbehrt. Zweitens, wenn wir irgendein Feld auf irgendeiner Reihe oder Linie nehmen, so beträgt die Zahl der Felder auf diesen Linien 14. Demnach ist die Kraft des

Turmes stets dieselbe, kleiner oder größer werdend mit der Wichtigkeit der Linien, der Stellung der anderen Steine usw. Andererseits ergeben lediglich die vier langen Diagonalen, die durch das Zentrum laufen, die Zahl 13; die andern vermindern sich, wie wir bereits gesehen haben, stufenweise bis zu 7. Dies zeigt, daß die Läufer viel schwächer als die Türme sind, und ihre Kraft ist in Wirklichkeit nicht 13 sondern 10 (das Mittel zwischen 13 und 7). Was durch $3^1/_2$ geteilt, nicht ganz 3 Bauern ergibt.

So sehen wir, daß die Dame, welche die Züge des Turmes und Läufers in sich vereinigt, stärker ist, als diese beiden Steine zusammen. Denn ihr stehen alle Diagonalen offen und sie hat einen Vorteil vor dem Turm durch Beherrschung der Diagonalen. Wir können demnach sagen, daß die Dame gleich oder nahezu ebensoviel wert ist wie 2 Türme.

Was den Unterschied zwischen Diagonale und anderen Linien anbelangt, so sehen wir, daß die Stellung des Turmes unwichtig ist, da er überall seine volle Kraft entfaltet. Er muß jedoch so postiert werden, daß er auf einer offenen Linie steht, und zweitens muß er die wichtigsten Linien beherrschen, d. h. eine der Zentrumslinien. Es ist nicht nötig, ihn vorzuschieben, denn sein Angriff ist gleich stark aus der Nähe oder aus der Ferne. Hinsichtlich seiner Stellung in wagrechter Richtung soll der Turm — da die zentralen Querreihen nur selten eine Bedeutung haben — sehr abgeschlossen gegen den Feind sein, sowohl beim Angriff, als auch im eigenen Lager, bei der Verteidigung. Der Läufer dagegen greift den Feind vom Zentrum aus in zwei schrägen Richtungen an, dagegen von der Gegend der Ecken aus nur in einer Diagonalrichtung. Beim Stand im Zentrum bedroht er nicht das Zentrum, sondern nur die Seiten; um das Zentrum zu bedrohen, muß er auf einer Seite des Brettes stehen. Alles dies zeigt die für den Läufer wünschenswerte Aufstellung. Um die Zentrumsstellung des Feindes anzugreifen, muß er in der Brettecke stehen, und um die Flügel anzugreifen, muß er im Zentrum stehen. Wenn die Besetzung des Zentrums notwendig ist, ist der Läufer recht wirksam, denn er ist ein verhältnismäßig schwacher Stein. Ist es dagegen nötig, lediglich die lange Diagonale zu besetzen oder nur einen Flügel zu bedrohen, so ist der Läufer am Ende des Brettes auf eben dieser Diagonale am Platze.

So beherrschen Turm und Läufer die Linien; die Dame, die die Linien nach acht verschiedenen Richtungen beherrscht, hat, wie der König, die Macht über die rings unmittelbar angrenzenden Felder. Die Bauern beherrschen nur einzelne Felder. Nachdem wir nun den Unterschied zwischen den Figuren deutlich sehen, wird uns dadurch deren Gebrauch im Spiel erleichtert.

Es bleibt noch übrig, den Springer zu betrachten, die seltsamste Figur auf dem Schachbrett, der manche Leute erschreckt und ihnen das Spiel zu einem Gegenstand der Ungewißheit macht. Der Springer, wie sie ihn sehen, hüpft über die Steine, macht seltsame Züge auf dem Brett und verletzt die mathematische Ordnung des Spiels. Er scheint die Logik zu töten, die die Bewegungen der Steine beherrscht, und in das Spiel Phantastik und Zufall zu bringen. In Wirklichkeit sind die Züge des Springers weder phantastisch noch geheimnisvoll. Weder hüpft er noch springt er über die Steine. Seine Züge werden nach demselben Grundsatz gemacht, wie die Züge aller anderen Steine.

Wenn wir Diagramm 11 betrachten, welches die Züge des Königs zeigt, so sehen wir, daß das ganze Brett, jedesmal reduziert auf ein Feld, rings um ihn herum, unter seinem direkten Einfluß steht. Gleichzeitig erfassen wir auch ohne Schwierigkeit, daß der König in seiner eigenen Gangart die Gangart der anderen Steine, der Dame, des Turms, des Läufers und des Bauern, vereinigt, lediglich in Beschränkung auf ein Feld. Die Züge des Springers sind jedoch nicht in den Zügen des Königs eingeschlossen.

Wenn wir die Züge der Dame betrachten (Diagramm 12), so sehen wir, daß sie, wie der König, in ihren Zügen die aller andern Steine enthält, ausgenommen den Springer. Sie reicht damit bis in die Ecke des Brettes: aber in der zweiten Felderzone bleiben einige Felder übrig, die nicht von der Dame bestrichen werden. Wenn sie auf einem schwarzen Felde steht, wie in Diagramm 12, sind alle diese Felder weiß, wenn sie auf einen weißen Felde steht, sind alle diese Felder schwarz (siehe Diagramm 15). Dies ist leicht verständlich, da die Dame nach Art des Läufers die Diagonale derselben Farbe beherrscht.

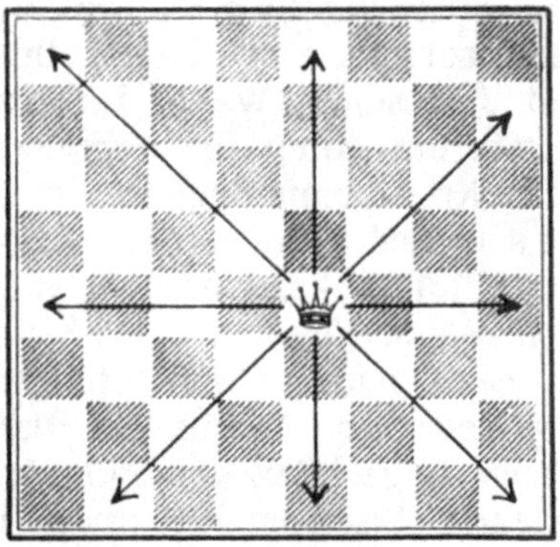

Diagramm 15.

Alle diese Felder in der zweiten Zone von ihrem Standfeld gerechnet, die von der Dame nicht bestrichen werden können, sind die Felder, auf die der Springer zieht. Wenn er auf demselben Feld steht, wie die Dame (Diagramm 16 und 17), dann vervollständigt der Springer die Züge der Dame durch seine eigenen. Er bestreicht die Felder in der zweiten Zone, die von ihr nicht angegriffen werden können. Überdies ergänzt der Springer die Züge des zweiten Läufers, die potentiell in der Dame enthalten, jedoch jeweils unmöglich sind, weil die Dame in einem einzelnen Zuge nur Diagonalen einer Farbe beherrschen kann. Da nun der Springer auf acht Felder zieht und der Läufer nur in vier Richtungen, so ist die Wirkung des Springers auf diese Felder gleich der Wirkung zweier gleichfarbiger Läufer. Andererseits beherrscht der Springer, während der Läufer die

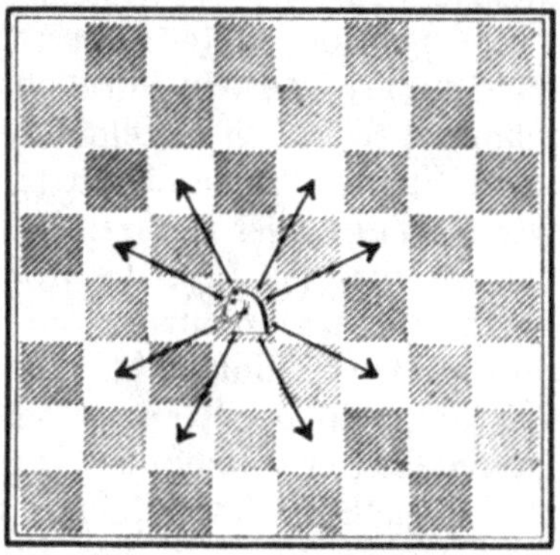

Diagramm 16.

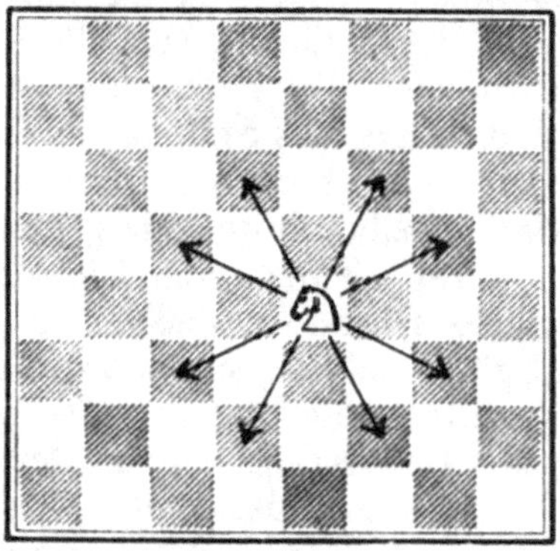

Diagramm 17.

ganze Diagonale entlang ziehen kann, nur bestimmte Felder und bestreicht keine Linien.

Dieses Ergebnis ist sehr wichtig. Der Springer beherrscht keine Linie, sondern einen Kreis. In dieser Hinsicht gleicht er dem König und der Dame. Wenn der König den Kreis völlig beherrscht, der ringsherum durch die angrenzenden Felder gebildet wird, und die Dame Kreise ohne Begrenzung, so beherrscht der Springer den Felderkreis in der zweiten Zone. Der Springer wirkt wie eine kleine Dame.

Mitunter kann er vollständig mit der Dame verglichen werden. Zum Beispiel können beide Steine, abgesehen von der Tatsache, daß sie beide nach acht Richtungen ziehen, einander nicht zu gleicher Zeit angreifen. Wenn die Dame den Springer angreift, kann in diesem Augenblick der Springer nicht die Dame angreifen, und umgekehrt. Sie sind wie zwei Läufer von entgegengesetzter Farbe. Dies ist außerordentlich wichtig. Der Springer, als der schwächere Stein, gewinnt an Stärke durch die Tatsache, daß die Dame ihn nicht zu gleicher Zeit angreifen kann. Dasselbe gilt für Turm und Läufer, die einander nicht gleichzeitig angreifen können. Was jedoch nicht so wichtig ist hinsichtlich der Figuren, die in vier Richtungen ziehen, ist weit wichtiger hinsichtlich der Figuren, die in acht Richtungen ziehen. Dies gibt uns bereits sechzehn unabhängige Richtungen auf dem Schachbrett. (In Wirklichkeit gibt es noch mehr; aber für die anderen bestehen keine entsprechenden Figuren.)

Diese Eigenschaft des Springers macht ihn teilweise gefährlich, besonders wenn wir bedenken, daß sie ihn nicht nur gegenüber der

Dame, sondern auch gegenüber den anderen Steinen kennzeichnet. Kein einziger Stein kann ihn bedrohen, während er ihn angreift Der Turm kann König und Dame angreifen und gleichzeitig von diesen angegriffen werden; der Läufer kann König, Dame und Bauer angreifen und gleichzeitig von ihnen angegriffen werden. König und Dame können alle Steine angreifen und gleichzeitig von ihnen angegriffen werden, ausgenommen den Springer, und kein einziger Stein kann den Springer angreifen, wenn er durch diesen angegriffen wird. Dies macht ihn ganz einzigartig und rechtfertigt die Furcht, die manche Spieler vor ihm haben. Er scheint sich in einer ganz anderen Dimension als alle anderen Steine zu bewegen und sich daher nie mit ihnen zu berühren.

Manche versuchen, diese Besonderheit auszudrücken durch „Unregelmäßigkeit" seiner Züge, aber das ist nicht richtig. Es besteht eine Regelmäßigkeit, wie man sie herausfühlen kann, wenn man seine Züge mit denen der Dame vergleicht. Wir müssen ein wenig auf Einzelheiten eingehen, die uns zu einem besonderen Verständnis der Gangart des Springers führen werden.

Von allen Steinen außer dem Springer können Turm und Läufer einander niemals gleichzeitig angreifen, weil sie verschiedenartige Linien beherrschen, der eine in wagrechter und senkrechter Richtung, der andere in schräger. Ist es aber nicht wunderbar, daß die Dame, die alle drei Richtungen beherrscht und alle anderen Steine treffen kann, nicht auch noch den Springer treffen kann? Gibt es denn vielleicht auf dem Schachbrett noch andere Linien, außer den Querreihen, Längslinien und Diagonalen?

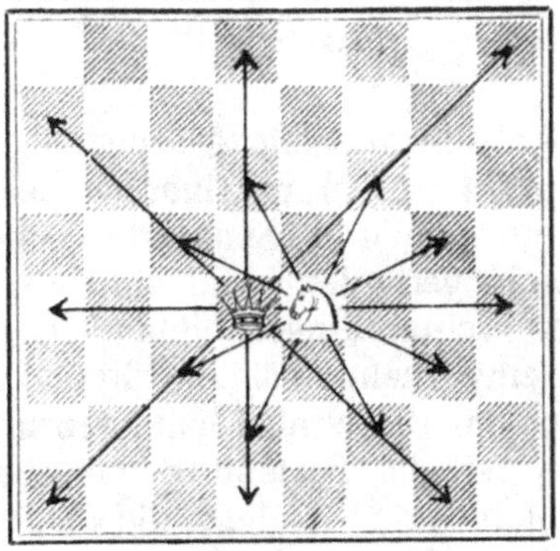
Diagramm 18.

Wir sahen, daß der Springer auf Felder von verschiedener Farbe als die, worauf die Dame steht, hinzielt. Hier entsteht eine Frage. Wenn wir die Dame auf ein andersfarbiges Feld stellen, kann sie dann vielleicht alle die Felder bestreichen, auf die der Springer hinzielt? (Diagramm 18.) Für sechs Richtungen ist dies offenbar der Fall. In schräger, wagrechter und senkrechter Richtung kann die Dame dieselben Felder wie der Springer angreifen. Aber hinsichtlich zweier Richtungen für jeden Stein, das ist zusammen hinsichtlich vier Richtungen, ist dies nicht der Fall. Hier treffen sich die zwei Steine nicht. Daraus folgt, daß die Springerzüge nicht mit den Damenzügen zusammenfallen. Wenn wir Einzelheiten Aufmerksamkeit schenken, so sehen wir, daß zwei Damen, die wir im Zentrum auf vom Springer verschiedenfarbige Felder stellen, dessen Angriff abschlagen können, und daß die Besetzung der vier Zentrumsfelder durch vier Damen den Angriff von zwei Springern abschlagen kann und die Beherrschung der umliegenden Felder vollständig macht bis zur zweiten Linie von der Ecke aus.

Ist dies ein Gesetz oder ein Zufall?

Um diese Frage zu beantworten, müssen wir die Linien auf dem Schachbrett studieren.

Was sind die Querreihen und Längsreihen? (siehe Diagramm 19). Sie sind Senkrechte zueinander. Sie sind Durchmesser, die die

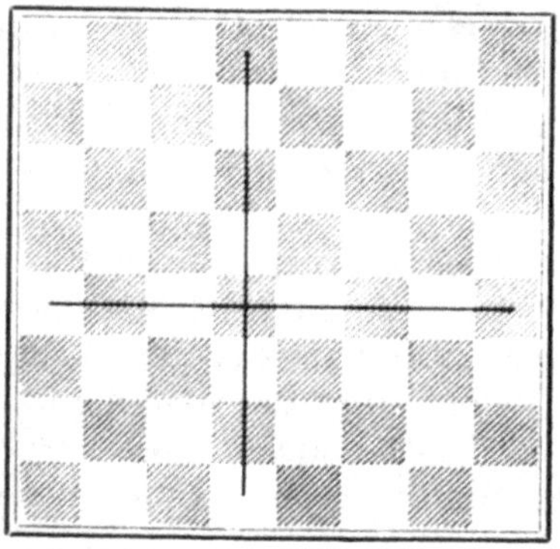

Diagramm 19.

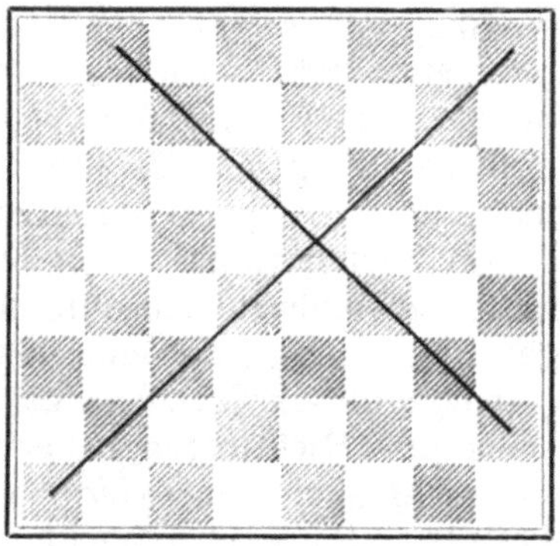

Diagramm 20.

Oberfläche in gleiche Teile teilen und im Zentrum vier rechte Winkel ($360^{\circ}:4 = 90^{\circ}$) miteinander bilden. Die Diagonalen sind ebenfalls Wagrechte und Senkrechte, die lediglich nach rechts oder links schräg verlaufen, und sind ebenfalls Durchmesser, die im Zentrum vier rechte Winkel bilden (Diagramm 20). Man braucht nicht erst zu entwickeln, daß alle diese Linien durch ihr Zusammentreffen im Zentrum die Winkel halbieren und neue Winkel bilden ($90^{\circ}:2 = 45^{\circ}$). Das ist die Beziehung zwischen den Zügen des Turms und des Läufers und schließt die Züge der Dame in sich (Diagramm 12). Haben wir zwei Läufer von verschiedener Farbe, so scheint es zwei Mittelpunkte auf dem Brett zu geben. Dies verändert jedoch nicht die Beziehung zwischen den Linien, sondern zeigt lediglich die Vielheit der Richtungen (Diagramm 21). Es ist sehr merkwürdig, daß wir damit, daß wir einen zweiten Läufer und zweiten Turm aufstellen und das Zentrum auf ein benachbartes Feld von anderer Farbe verlegen, nicht alle Richtungen erschöpfen. Einige Felder bleiben frei von der Beherrschung durch diese Steine, können aber noch vom Springer bestrichen werden.

Auf jeden Fall halbieren die Züge von Turm und Läufer die Winkel. Hat die Gangart des Springers etwas hiermit zu tun, und wenn ja, geschieht dies regelmäßig und dauernd oder nicht? Zur Bequemlichkeit werden wir die Züge von Turm und Läufer von einer

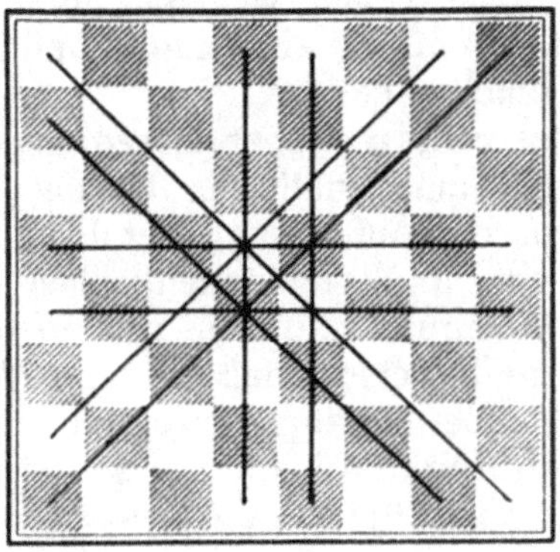

Diagramm 21.

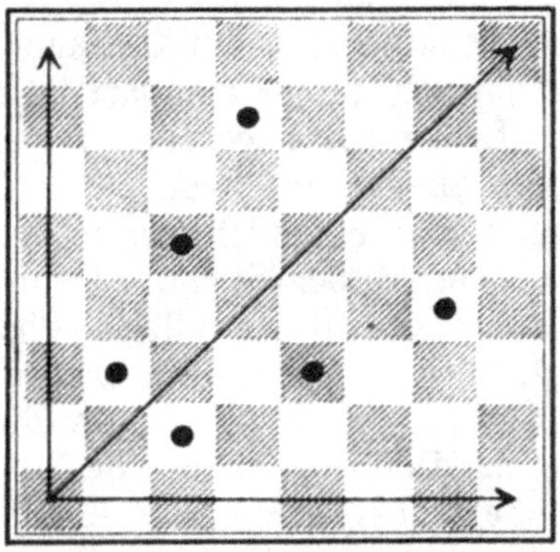

Diagramm 22.

Ecke ausgehen lassen (Diagramm 22). Die Läuferlinie halbiert den Winkel, den die Turmzüge miteinander bilden. Wenn wir das Diagramm betrachten, so erkennen wir leicht, daß die Springerzüge den Winkel zwischen Turmrichtung und Läuferrichtung halbieren. Die Punkte auf dem Diagramm, die die Springerzüge markieren, halbieren den Winkel zwischen Läufer und Turm (Diagramm 23).

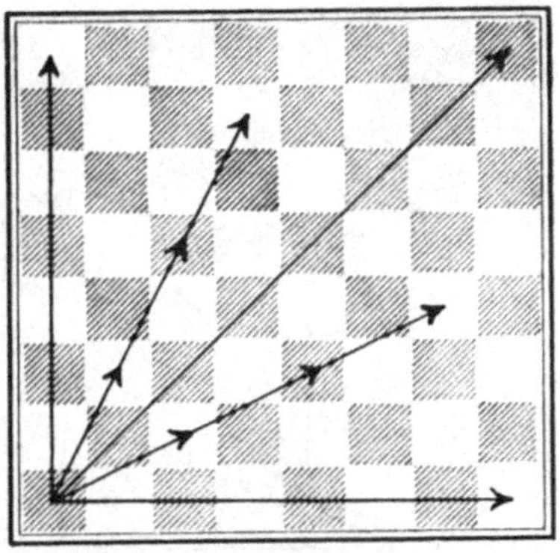

Diagramm 23.

So können wir unsere Frage beantworten, ob es keine andere Linie auf dem Schachbrett gibt, außer den Querreihen, Längslinien und Diagonalen. Diese ist: die Mittellinie zwischen der Diagonale und einer der beiden anderen Linien. Auf die Frage, ob der Springer etwa in einer anderen Dimension zieht, haben wir die Antwort: Auf dieser neuen Linie. Damit ist die Ähnlichkeit des Springers mit den andern Steinen augenfällig, ebenso die unbestreitbare Regelmäßigkeit seiner Gangart, deren Besonderheiten alle in dieser Linie begründet sind. Diese Linie geht nur mitunter, aber mit großer Regelmäßigkeit, mitten durch ein Feld hindurch; im übrigen verläuft sie zwischen den Feldern. Im letzteren Falle wäre kein Platz für den Springer da, der zwischen zwei Feldern zu gehen hätte (woraus wir sehen, daß er nicht darüber springt, sondern zwischen ihnen hindurch schreitet), und daher kann er keine ununterbrochene Linie beschreiben, sondern muß über ein Feld schreiten. Dies nennt man den „Rösselsprung". Infolgedessen beherrscht der Springer keine sichtbare Linie, sondern zieht über zwei Felder wagrecht und ein Feld senkrecht; in Wirklichkeit zieht er entlang einer Linie, und die Krümmung seiner Gangart ist nur scheinbar.

Es ist nicht wesentlich, daß alles, was wir über diesen Gegenstand ausgeführt haben, das Zeichen mathematischer Genauigkeit tragen mußte. Wichtiger ist vielmehr die Aufdeckung der Idee, die der Gangart der Steine zugrunde liegt, und der Einheitlichkeit der Gangart von ihnen allen. Vielleicht könnte man vom rein mathematischen Gesichtspunkt wünschen, zu beweisen, daß bei einer Vergrößerung des Schachbretts die Linie der Springerbewegung nicht mit der Halbierungslinie des vom Turmzug und Läuferzug gebildeten Winkels übereinstimmt. Darauf könnte man folgende Antwort geben: Wir wollen zwei Springerzüge annehmen, die vom selben Felde ausgehen (siehe Diagramm 24). Es ist kein Zweifel, daß der Turmzug, der vom selben Felde ausgeht, den durch die beiden Springerzüge entstandenen Winkel halbiert. Dies kann geometrisch nachgewiesen

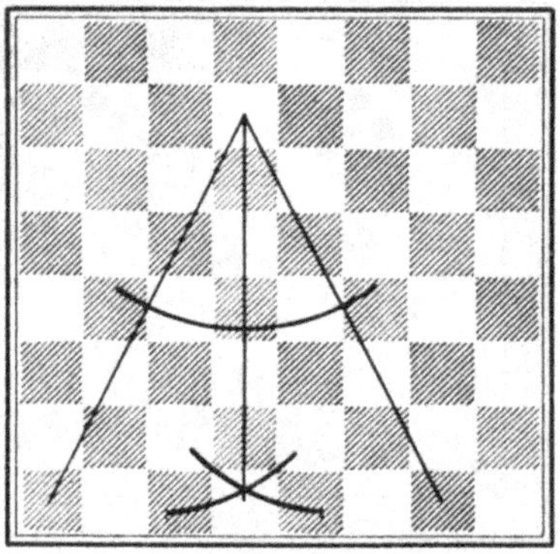

Diagramm 24.

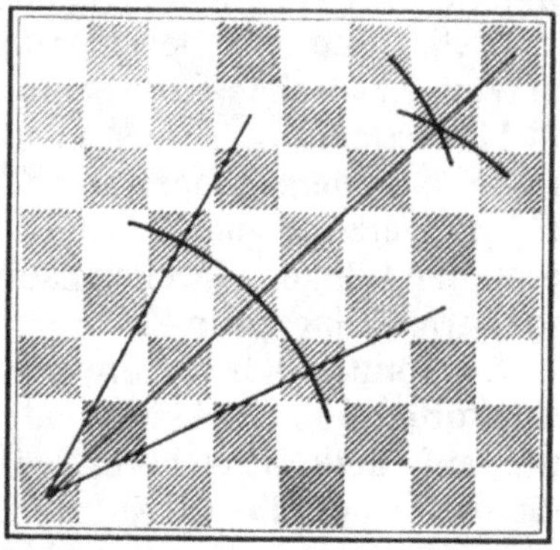

Diagramm 25.

werden. Ein anderer Winkel, der durch zwei andere Springerzüge entsteht, wird auf Diagramm 25 gezeigt; und dieser Winkel wird durch den Läuferzug halbiert, was ebenso geometrisch bewiesen werden kann. Mit den Springerzügen können wir einen achteckigen Stern konstruieren (Diagramm 26), ähnlich dem Stern der Dame (Diagramm 12). Es ist offensichtlich, daß in diesem Stern zwei

Linienpaare vorhanden sind, die zueinander senkrecht sind und demmach naturgemäß rechte Winkel bilden.

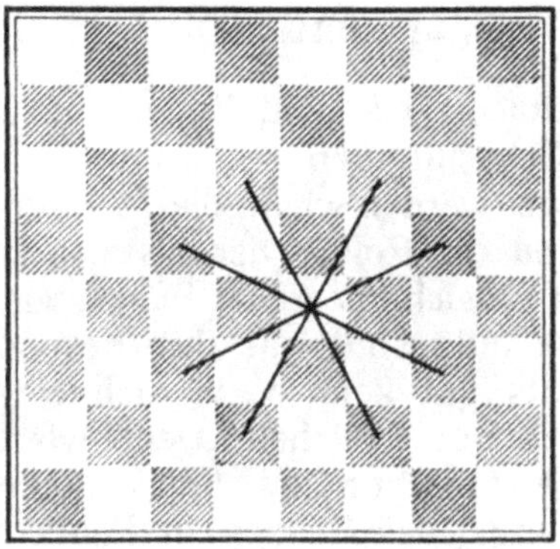

Diagramm 26.

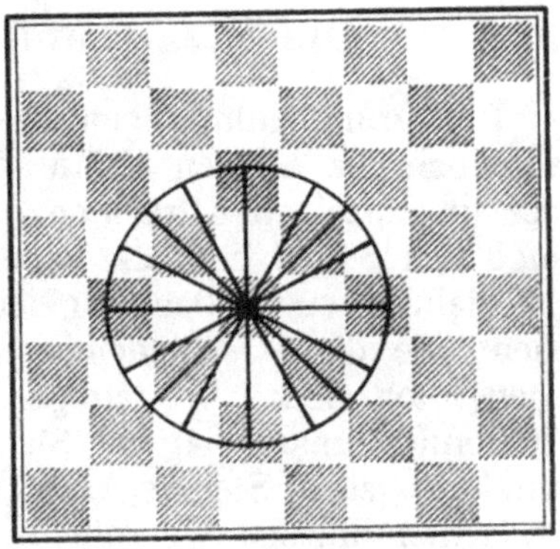

Diagramm 27.

Nehmen wir schließlich die Figur in Diagramm 27, den Stern, der durch die Damenzüge (oder Turm- und Läuferzüge) und Springerzüge gebildet wird.

Es kann kein Zweifel darüber bestehen, daß die Züge des Springers den Zügen aller anderen Figuren ähneln und auf denselben Grundlagen beruhen.

Wir haben die Gangart des Springers etwas ausführlich behandelt, weil wir die falschen Meinungen, die darüber herrschen, zerstreuen wollten. Die Legende vom Sprung des Springers und von seiner gekrümmten Bahn muß ein und für allemal aufgegeben werden. Wenn wir damit Erfolg gehabt haben, wie wir hoffen (und der unüberzeugte Leser kann alles, was wir gesagt haben, mathematisch bestätigen), dann können wir den Springerzug bewerten wie wir alle anderen Züge bewertet haben.

Bei bester Bewertung gilt der Springer $= 8:3^1/_2 =$ ungefähr $2^1/_4$ Bauern. Das ist ebensoviel wie der König, und noch weniger, wenn wir in Betracht ziehen, daß der Springer nicht stets 8 Züge hat, mitunter nur zwei. Es braucht nicht erst auseinandergesetzt zu werden, daß der Springer schwächer ist als der Läufer. Trotzdem er beide Farben und benachbarte Felder beherrscht, ist er nicht stark, weil er keine Linie auf dem Schachbrett beherrscht. Nächst dem Bauern ist der Springer der schwächste Stein im Schach; und daher kann er, da er nur zwei Felder in vorwärtiger Richtung angreift, ohne Gefahr vorgeschoben werden.

Kapitel II.

Die Steine und ihre Verwendung.

Die Grundbedingungen des Schachspiels sind Raum und Zeit. Da jedoch die aktiven Kräfte die Schachfiguren sind, müssen wir diese im einzelnen betrachten. Später werden wir in die Zusammenhänge des Spiels Einblick haben und die Rollen der Steine prüfen in Beziehung zur Vollendung letzter Einsichten. Jetzt haben wir zu sehen, wie die verschiedenen Steine tätig sind, die ihre Besonderheiten, von denen wir einige bereits gut kennen, in sich tragen. Wir können unser Ziel mit Sicherheit nur erreichen, wenn wir den Charakter jedes Steines und seine Funktion im Spiele kennen. Inzwischen müssen wir die Beziehung jedes Steines zu Raum und Zeit festlegen. Ausgenommen den König (der eine unbedeutende Rolle im Mittelspiel, dagegen die wichtige Rolle im Endspiel spielt), können wir die Schachsteine folgendermaßen einteilen:

1. Diejenigen, die ein dynamisches, aktives Element bilden — die eigentlichen Figuren; und
2. Diejenigen, die feststehend, unbeweglich sind — die Bauern.

Weiter können wir die Figuren in folgender Weise einteilen:

1. Solche die Linien beherrschen — Türme und Läufer.
2. Solche, die Kreise von angrenzenden Feldern beherrschen — Springer (und Könige); und
3. Solche, die Linien und Kreise beherrschen — Damen.

Wir wenden unsere Aufmerksamkeit zuerst den Bauern zu.

Bauern.

Wir wissen einiges von den Eigenschaften der Bauern, unter denen die wichtigste ist, daß sie nicht rückwärts ziehen können, so daß sie mit Vorbedacht vorgeschoben werden müssen. Dies zeigt ihre Hauptrolle. Sie sind der beständige Teil der Stellung. Die Figuren wechseln beständig ihre Stellungen, gleich Wellen nach verschiedenen Seiten rollend, während die Bauern bei jedem Zuge ihre Stellung unwiederbringlich wechseln. Da die Bauern das beständigste Element des Spieles sind, sind sie das beste zum Schutze gegen Angriffe. Wenn die Bauern aufhören zu schützen, müssen die Figuren die Verteidigung übernehmen, anstatt das feindliche Lager anzugreifen. Das ist sehr schwierig für sie, da acht Bauern eine starke Schranke für den Durchgang bilden, aber wenn es kleine Bauern gibt, oder wenn sie zu weit vorwärts gebracht worden sind, so daß der Feind durch sie hindurch dringen kann, dann ist es schwierig eine künstliche

Schranke für die Figuren zu bilden. Überdies wirken eines Spielers Figuren, wenn sie sich bemühen, die Bauernschranke zu durchbrechen, in einer Richtung — von ihrer eignen Stellung nach der feindlichen Stellung zu. Nach Durchbrechung der Bauernlinie können sie sofort seitwärts die ganze feindliche Stellung entlang ziehen. Dies zeigt, daß die Bauern der beste Schutz sind.

Wenn sie in einer Reihe auf der zweiten Linie stehen, beherrschen sie die ganze dritte Reihe, so daß die Linie die durchbrochen werden muß, um in das feindliche Lager einzudringen, nicht dessen zweite Reihe wo die Bauern stehen, sondern die dritte Reihe ist, die sie beherrschen. Nicht eine einzige Figur ist so gut für Schutzzwecke geeignet wie der Bauer, wenn man noch dazu bedenkt, daß er der schwächste von allen ist und lediglich ein feindlicher Bauer ihm unter gleichen Bedingungen entgegentreten kann. Andererseits wird jedes Feld, das nicht durch Bauern geschützt ist und geschützt werden kann, infolgedessen sehr schwach, weil es von den feindlichen Figuren eingenommen werden kann. Wenn wir z. B. die Normalstellung der Bauern bei der Rochade (Diagramm 28)

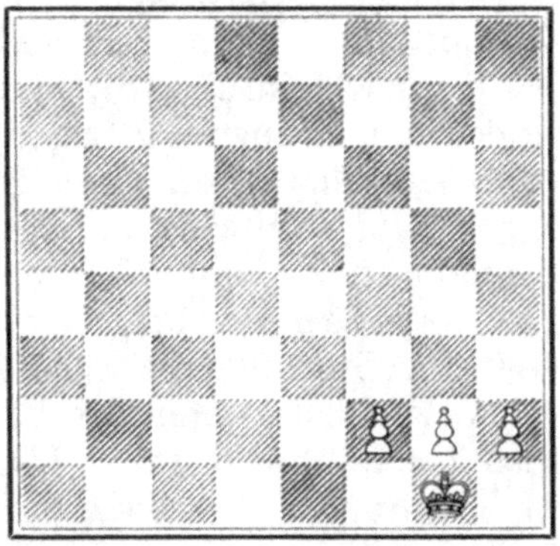

Diagramm 28.

Diagramm 29.

nehmen, so sehen wir, daß alle drei Felder auf der 3. Reihe vor ihnen geschützt sind, und um diese Bauern anzugreifen kann man die Figuren höchstens auf die 4. Reihe stellen. Es ist also notwendig jeden Bauern mit mindestens 2 Figuren zu bedrohen, um die Drohung zu einer wirklichen Gefahr zu machen da sie durch den König geschützt werden, den sie umgekehrt schützen. Aber sobald ein Bauer vorzieht, verändert sich sofort die Stellung und den feindlichen Figuren werden Felder freigegeben, die von den Bauern nicht angegriffen werden können. Z. B. wenn der g-Bauer vorgerückt ist (Diagramm 29) können die beiden Felder f3 und h3 sofort durch feindliche Figuren eingenommen werden. Ein solches von Bauern nicht geschütztes

Feld nennt man ein „Loch". Um ein solches auf g3 zu bekommen, müssen 2 Bauern vorgerückt sein, die auf f2 und h2; denn wenn nur einer von ihnen vorgerückt ist, dann entsteht kein Loch, da

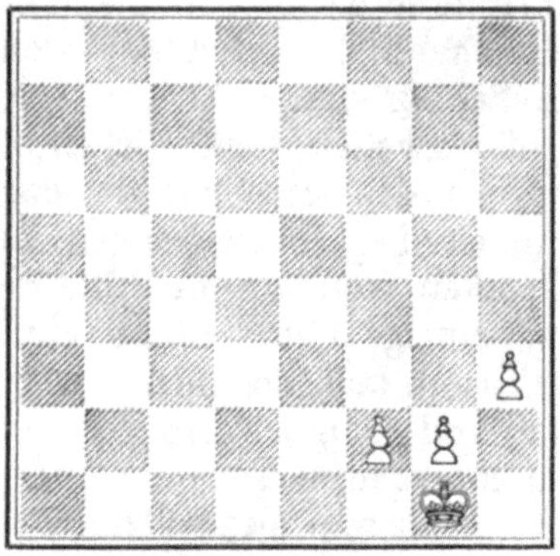

Diagramm 30.

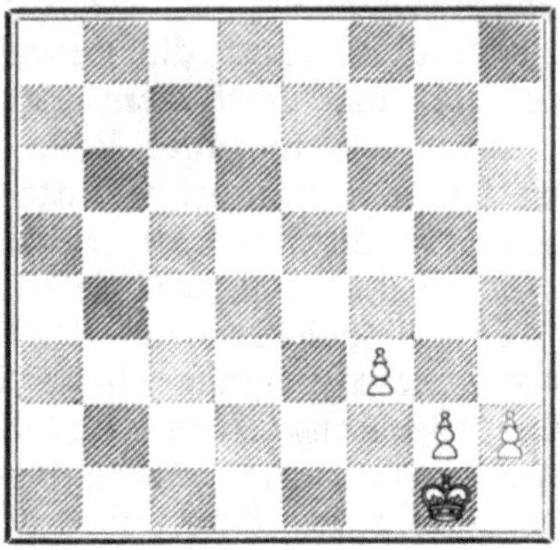

Diagramm 31.

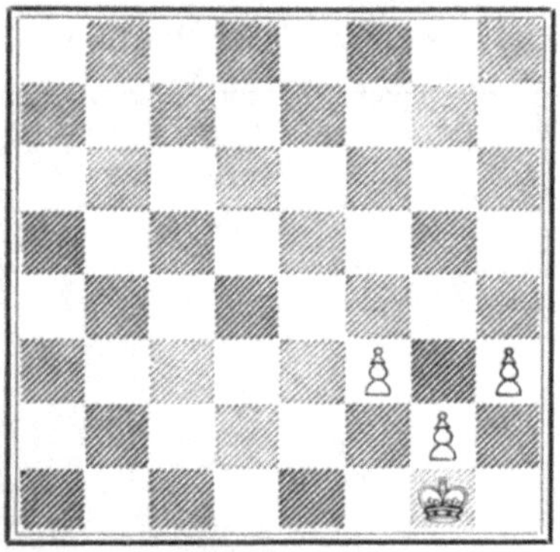

Diagramm 32.

das Feld durch einen andern Bauern geschützt ist (Diagramme 30, 31 und 32).

Wenn wir alle diese Stellungen vergleichen, können wir folgendes feststellen: die schwächsten Stellungen sind zweifellos die in den Diagrammen 29 und 32, wo ein Loch vorhanden ist, Diagramm 31 zeigt eine Stellung, die nicht frei von Gefahr ist, wenn der Feind einen schwarzfeldrigen Läufer hat. Wenn wir den Bauern vorrücken, so kann dieser Läufer die Rochadestellung stören und ihrer Sicherheit berauben. Verhältnismäßig gut ist die Stellung in Diagramm 30 wo kein Loch vorhanden ist; aber hier wird der vorgeschobene Bauer der Gegenstand des Angriffes, da er nur einmal gedeckt ist und in 2 Zügen durch einen feindlichen Bauern erreicht werden kann.

Daraus folgt, daß die angreifende Partei das Vorziehen bestimmter Bauern ihres Gegners zu sehr verschiedenen Zwecken wünscht. Wenn sie wünscht, daß der g-Bauer vorrückt, so versucht sie damit, 2 schwache Felder zu schaffen. Der vorgerückte Bauer ist nicht an sich schwach, da er durch die beiden andern Bauern doppelt gedeckt ist, und man kann lediglich dadurch Vorteil daraus ziehen, daß man, mit der Aussicht, eine Linie zu öffnen, den gegenüberstehenden f-Bauern oder h-Bauern vorrückt und gegen ihn austauscht. Wenn andererseits der Angreifer seinen Gegner zu zwingen wünscht, den h-Bauern vorzurücken, so geschieht dies um diesen Bauern selbst zu schwächen und anzugreifen. Freilich kann dieses Manöver bisweilen viel umständlicher sein. Mitunter muß man zwar den g-Bauern angreifen, um den vorgerückten h-Bauern jeder Unterstützung zu berauben, aber das Prinzip ist dasselbe — der Bauer selbst wird der Gegenstand des Angriffes. Man muß wissen, daß dies, ähnlich wie beim vorgerückten g-Bauern, eine leichte Möglichkeit gibt, die g-Linie oder h-Linie zu öffnen.

Schließlich hat es eine besondere Bedeutung, wenn wir versuchen, den Gegner seinen f-Bauern ziehen zu lassen, falls ein schwarzfeldriger Läufer vorhanden ist, der die Diagonale beherrscht, auf der der Bauer stand. Wir haben dann eine solche Diagonalöffnung, wie wir zuvor besprochen haben, die so große Wichtigkeit beim Angriff besitzt. Die g-Linie durch das Vorrücken des f-Bauern zu öffnen, ist nicht immer von Bedeutung, weil dadurch eine sehr wichtige Linie — die f-Linie — für den Turm geöffnet wird. Wenn dagegen diese Linie verschlossen ist (durch Bf4), dann drohen wir mit der Öffnung der g-Linie.

Eine andere Schwächung der Bauernstellung geschieht durch Doppelbauern. Bisher haben wir das Vorrücken der Bauern vom Gesichtspunkt ihrer einfachen Züge betrachtet; doch wir können ihr Vorrücken ebenso erzwingen, wenn wir sie veranlassen, einen Bauern oder eine andere Figur zu schlagen. Dies hat ein dreifaches Ergebnis: 1. Der Bauer verläßt die zweite Reihe und schwächt damit die von den Bauern auf der dritten Reihe gebildete Schranke; 2. Der Bauer öffnet eine Linie, die für den Angreifer, wenn er sie besetzen kann, sehr nützlich wird; 3. Es entsteht eine sehr große Schwächung der Bauern, weil es nichts Unnatürlicheres gibt als Doppelbauern.

Wenn mehrere Bauern auf einer Linie stehen, ist es klar, daß sie einander nicht schützen. Dies führt eine Schwächung ihrer Stellung herbei und kann oft als ein Ausgleich für den Verlust eines Bauern betrachtet werden. Es ist wahr, daß ein späterer Zug des Bauern oft diese Verdopplung rückgängig macht; aber dies schafft die Schwäche von Doppelbauern an sich nicht aus der Welt.

Mitunter nun erreichen wir durch Verdoppelung ein anderes Ergebnis: die Vereinzelung eines Bauern. Wir wollen annehmen, daß der g-Bauer nach f3 schlägt (Diagramm 33). Dadurch werden nicht nur die Bauern auf der f-Linie schwächer, sondern infolgedessen kann auch der Bauer auf der h-Linie nicht mehr durch einen andern Bauern unterstützt werden, so daß er sehr schwach wird und leicht angegriffen werden kann.

Wir sehen also, daß die Bauern, um stark zu sein, fähig sein müssen, einander zu schützen. Es ist klar, daß der Bauer, als der beste Schutzstein, nicht nur die andern Figuren, sondern auch die andern Bauern schützen kann. Aus dem Vorhergehenden folgt, daß die Bauern am besten verteidigen, wenn sie auf einer wagrechten Linie aufgestellt sind. Jedes Vorrücken schwächt die Stellung. Alles dies stimmt nicht nur für die 2., sondern auch für die 3., 4. und anderen Reihen; und in diesen Reihen gibt es ebenso Löcher in der Bauernstellung, Verdoppelung, Vereinzelung usw.

Diagramm 33.

Die Schwächen sind jedoch verschieden. Manche schwächen die Bauern selbst (Verdoppelung, Vereinzelung); andere verschlechtern ihre Stellung durch Schwächung der Felder und Linien zwischen ihnen (Vorrücken der Bauern).

Alle diese Unterschiede müssen genau studiert werden, damit der Spieler weiß, welche Schwächung er zu erstreben hat und wie er sie auszunützen hat, wenn er sie erreicht hat. Dies macht das Spiel logisch.

Die Verteidigungskraft der Bauern kommt also hauptsächlich in der Bildung einer Schranke auf der dritten Reihe zum Ausdruck. Der Angreifer legt eine Bresche in die Linie, wenn er das Vorrücken eines Bauern erzwingt. Dieses Vorrücken kann das Ergebnis eines Angriffes auf den Bauern oder der Aufstellung einer Figur auf einer dem Feinde unbequemen Linie sein. Diese Figur muß dann durch einen Bauern, der dazu vorrücken muß, vertrieben werden. Da das Vorrücken der Bauern die Stellung schwächt, ist es mitunter besser, eine andre Figur für ihren Schutz aufzuwenden, um einen solchen Zug zu vermeiden. Um den Bauern auf h2 zu schützen, genügt es, den Springer nach f3 oder f1 zu stellen, um den Bauern auf g2 zu schützen, den Läufer nach f1 zu stellen. Die Stellung des Läufers ist hier auch gut, wenn der h-Bauer auf die 3. Reihe vorgerückt ist. Wenn der g-Bauer auf die 3. Reihe vorgerückt ist, bildet die Stellung des Läufers auf g2 einen guten Schutz für die Punkte f3 und h3. Wenn aber in diesem Falle ein Bauernangriff droht, wird es notwendig sein, den Bauern g3 zu verstärken und von seiner vorgerückten Stellung Vorteil zu ziehen, wofür die Aufstellung eines Springers auf g2 sehr gut ist.

Was wir hier über die Verteidigungskraft der Bauern gesagt haben, bleibt zum großen Teil bestehen, auch wenn kein König hinter ihnen steht. Wenn dieser auch einerseits die Bauernstellung schwächt, indem er dem Angriff eine besondere Kraft und Gefahr verleiht, so schützt er andererseits alle drei. Alle Beobachtungen über verdoppelte und vereinzelte Bauern, über „Löcher", über den Nachteil vom Vorrücken der Bauern, behalten ihre Gültigkeit.

Trotzdem sie die passivsten und am meisten zur Verteidigung bestimmten Steine sind, gewinnen die Bauern in manchen Fällen sehr große Kraft während des Angriffes. Sie sind die Sturmtruppen. Wir wollen uns die hier gültigen Bedingungen ansehen.

Der Wert der Bauern liegt in ihrer Schwäche und diese Eigenschaft müssen wir benutzen. Sie sind die schwächsten Steine, aber auch die am meisten drohenden, weil alle stärkeren Steine vor ihrer Drohung zurückweichen müssen. Dies zeigt sehr deutlich, daß der Unterschied zwischen dem Wert der Steine nicht von ihrer Qualität, sondern von der Schnelligkeit ihrer Bewegungen abhängt. Dame und Bauer greifen einander an. Es könnte scheinen, daß der Angriff der Dame stärker wäre, als der Angriff der Bauern und daß bei einem Zusammentreffen der letztere weichen würde, wie ein leichter Ball durch einen schweren weggestoßen wird. In Wirklichkeit geschieht das Umgekehrte. Die Dame muß vor dem Bauer zurückweichen. Der Angriff beider ist von derselben Stärke, der einzige Unterschied ist der, daß die Dame den Bauern von verschiedenen Punkten auf dem Brett und aus verschiedenen Entfernungen angreifen kann, während der Bauer nur in der Entfernung eines gerade vor ihm liegenden Feldes oder zweier schräg vor ihm liegender Felder angreifen kann.

Da nun die Bauern ein kleines Wirkungsfeld haben und nur in einer kurzen Entfernung drohen können, würde es gegen ihre Natur sein, sie zur Schwächung der feindlichen Stellung zu verwenden. Das muß den beweglicheren Figuren überlassen werden. Um den Feind zu schwächen, muß der Bauer das Brett überqueren und nächst den feindlichen Bauern stehen. Zunächst erfordert dies zuviel Zeit, die der Feind verwenden wird, sich zu schützen. Weiter schwächen die Bauern durch dieses Vorrücken ihre eigne Stellung und die ganze Stellung ihrer Partei. Die Bauern dürfen nur ziehen, wenn die feindliche Stellung bereits geschwächt ist, oder wenn die Schwächung der feindlichen Stellung und der Zusammenbruch des ganzen feindlichen Spieles gleichzeitig eintritt. In beiden Fällen bedeutet es, daß der Angriff der Bauern den Sturm auf die feindliche Stellung in sich schließt.

Aber selbst während eines solchen Ansturms spielen die Bauern sehr häufig eine passive Rolle, indem sie eine Linie für ihre eignen Figuren öffnen oder des Gegners Linien öffnen zum Eindringen in seine Stellung. In beiden Fällen müssen sie oft zu diesem Zwecke geopfert werden.

Nicht weniger wichtig ist ihre aktive Rolle, die sich vor allem darin ausdrückt, daß sie alle feindlichen Figuren vor der Stellung, die gestürmt werden soll, angreifen. Die Figuren müssen zurückweichen und die Stellung wird gegen den Angriff entblößt. Dank diesen Drohungen können die Bauern ohne Zeitverlust vorwärts ziehen. Daraus können wir ableiten, daß man nicht mehrere Figuren vor die angegriffenen Bauern stellen darf.

Wenn alle Figuren vertrieben worden sind, finden sich die Bauern vor der feindlichen Bauernstellung. Hier gibt es zwei Möglichkeiten. Entweder einen schwachen Punkt (ein Loch) zu besetzen oder einen schwachen Bauern anzugreifen. Es ist jedoch möglich, einen Bauern anzugreifen, der nicht schwach ist, weil im Falle des Austausches eine Linie geöffnet wird, im Falle des Vorrückens wird der Bauer selbst schwach.

Wir müssen sorgfältiger die Frage der Besetzung schwacher Punkte durch die Bauern ins Auge fassen. Da Bauern nicht über einen großen Raum Einfluß haben, bedeutet die Besetzung eines schwachen Punktes nur, daß eine solche Besetzung vorteilhaft ist. Ein Bauer kann seine Stellung gut behaupten, wenn er durch einen anderen Bauer gestützt wird, wenn nicht, dann ist es nötig zu überlegen, ob genügend Figuren für seinen Schutz da sind oder ob der Gegner mehr Figuren für den Angriff auf ihn aufbringen kann.

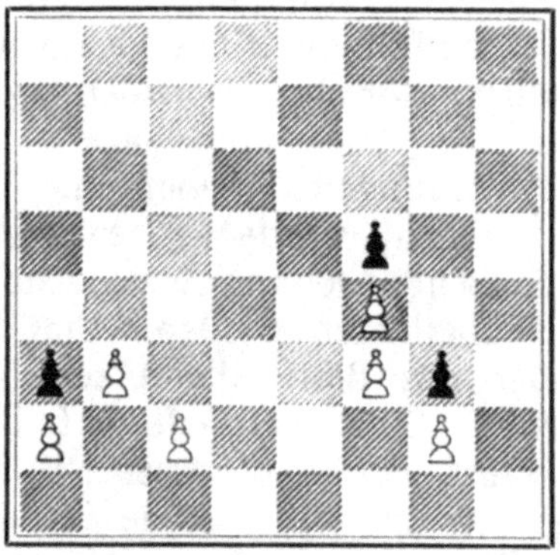

Diagramm 34.

Wenn der vorgerückte Bauer einen feindlichen Bauern direkt vor sich hat, kann der letztere nicht vorrücken und wird „rückständig", wenn ihm die Stütze anderer Bauern fehlt, und wird daher schwach. Vorteil kann jedoch daraus nur gezogen werden, wenn dieser Bauer durch Figuren angegriffen werden kann. Wenn nicht, so hat die Schwäche eines solchen Bauern keinen Vorteil für den Gegner. Z. B. gibt Diagramm 34 zwei Stellungen von Bauern, die rückständig geworden sind, auf a2 und g2. Wenn man sie vergleicht, so sieht man einen ungeheuren Unterschied. Der Bauer auf g2 kann umringt werden, z. B. durch einen Seitenangriff eines schwarzen Turmes, der auf h2 steht. Der Bauer auf a2 kann indessen nur durch einen Springer von b4 aus belästigt werden. (Wir sprechen hier nicht über Angriffe, die gegen einen Bauern vom Zentrum aus gerichtet werden können, in der Voraussetzung, daß das Spiel im Zentrum ausgeglichen ist und der Feind hier nicht einbrechen kann.) So kann im ersten Falle der Bauer zweimal angegriffen werden, im zweiten nur einmal. Der Unterschied besteht darin, das im ersten Falle eine offene Linie vorhanden ist. Wenn der weiße Bauer auf b3 nicht vorhanden wäre, könnte der Bauer a2 von der Seite angegriffen werden. Wenn ein weißer Bauer auf h3 stünde, wäre der Bauer g2 gegen seitlichen Angriff geschützt. (Es muß auch erinnert werden, wie schwach die zweite Linie des Brettes im Vergleich mit der ersten ist.) Daraus erkennen wir wiederum, wie wichtig es ist, die verbundene Stellung der Bauern aufrecht zu erhalten und wie wichtig es weiter ist, den Angriff im solcher Weise zu führen, daß nicht nur ein vorteilhafter Punkt besetzt und die feindliche Bauernstellung geschwächt wird, sondern auch die Möglichkeit eines künftigen Angriffes durch andere Figuren offenbleibt.

Bisweilen ist es höchst wichtig, die Potitionsschwäche oder den schwachen Bauern festzuhalten, bis ein Riß in den feindlichen Reihen entstanden ist. Wenn dies für einen Spieler vorteilhaft ist, so muß er alles daran setzen, die Stellung so aufrecht zu erhalten. Wir haben schon gesagt, daß Doppel-Bauern wenig mehr wert sind als ein einfacher Bauer. Daraus geht hervor, daß ein Spieler alles mögliche tun muß, um seines Gegners Bauern gedoppelt zu halten und nicht zuzulassen, daß sie wieder entdoppelt werden. Im Diagramm 34 sieht man die Bauernstellung f3, f4 und f5, wo die weißen Doppel-Bauern durch einen feindlichen Bauern festgehalten sind, sodaß der letzere gewissermaßen einen Bauern gut hat. Dies zeigt an, daß das Spiel in einem andern Teil des Brettes ausgefochten werden muß, während an diesem Punkt die verhängnisvolle Schwäche des Weißen aufrecht erhalten werden muß. Mit diesem Beispiel kommen wir nun zum gewöhnlichen Bauernspiel, abgesehen von der Frage des Angriffes und der Verteidigung.

In dieser Frage können wir nur wenig zu dem bisher Gesagten hinzufügen, da die Rolle der Bauern in solchen Stellungen keine sehr große ist. Wenn sie nicht zum Angriff vorgeschickt oder zur Verteidigung zurückgehalten werden, nehmen sie kaum am Kampfe teil, und nur wenige von ihnen besetzen starke Felder oder beherrschen schwache Punkte im feindlichen Lager. Wir müssen jedoch einem besonderen Typ Beachtung schenken: dem Bauern auf der offenen Linie, jenen Bauern, der im Endspiel so stark wird und den man „Freibauern“ nennt. Obgleich es natürlich sehr wichtig ist, offene

Linien für die Figuren zu haben, besitzt der Freibauer, indem er die Linie sperrt, auf dieser große Kraft. Beim Vorrücken bedroht der Bauer nicht nur verschiedene wichtige Felder im feindlichen Lager, sondern mit jedem Zuge wächst auch die Kraft des Turmes, der hinter ihm steht. Der Turm soll nach der Regel auf einer offenen Linie postiert werden, aber es ist zweckmäßig für ihn, hinter einem Freibauer zu stehen, auf welche Weise der letztere wie ein Rammbock wirkt und somit beide einander verstärken. Wenn der Bauer im Zentrum steht, dann ist natürlich der Turm hinter ihm sehr stark. Es kommt auch vor, daß durch sein Vorrücken, mit der Drohung, Dame zu werden, dieser Bauer die feindliche Schlachtordnung durchschneidet und seine Figuren zerteilt. In solchen Stellungen sind die Vorteile eines zentralen Mittelbauern größer als seine Schwäche als vereinzelter Bauer.

Der Feind muß mehrere Steine in Bereitschaft halten, um das Vorrücken aufzuhalten. Vor einen solchen Bauern wird gewöhnlich ein Turm gestellt, der ihn gleichzeitig angreift; oder ein Läufer oder Springer, die, während sie ihn aufhalten, gleichzeitig im Spiele mitwirken, da sie seitwärts von ihm wirken. Die Wahl des Steines, mit dem man den Bauern aufhält, hängt ganz von der Stellung ab. So ist es unnötig, den Bauern anzugreifen, wenn er zu gut gedeckt ist; andererseits ist es sehr wichtig, ihn festzuheften und den Angriff auf ihn zu kombinieren, weil auf diese Weise die Kräfte des Feindes zu seinem Schutze festgelegt werden. Während nun der Besitzer des Feibauern klar berechnen muß, wie weit er ihn verschieben kann, ohne Gefahr, ihn zu verlieren, muß der Gegner versuchen, ihn auf dem Felde festzuheften, wo er ihn am leichtesten angreifen und die andere Partei ihn am schwersten verteidigen kann. Um einen solchen Bauern entsteht ein Kampf, von dem der Ausgang des Spiels sehr oft abhängt.

Aus dem Gesagten ersehen wir, daß es schwache Punkte in einer Stellung gibt. Ist es nötig, festzustellen, daß sie nicht identisch mit den schwachen Feldern auf dem Brett sind? Tatsache ist, daß abgesehen von den starken und schwachen Feldern auf dem Brett ohne Steine wir auch starke und schwache Punkte bekommen, die von der Stellung der Steine abhängen. Während die starken und schwachen Felder für beide Seiten dieselben sind, ist gerade das Gegenteil der Fall hinsichtlich der starken und schwachen Stellungspunkte, indem das schwache Feld der einen Partie eine Quelle des Vorteils für die andere Partei ist. Wir wissen auch, daß es starke und schwache Steine gibt, unabhängig von ihrer Stellung auf starken oder schwachen Feldern. Wir wissen, daß ein Stein schwächer wird, wenn er auf einem schwachen Felde steht; mitunter aber kann ein

Stein, obgleich auf einem starken Felde, schwach werden wegen besonderer Bedingungen der augenblicklichen Stellung. Es muß stets klar unterschieden werden, wovon die Schwäche eines Steines abhängt: von der Schwäche des Feldes, auf dem er steht, oder von der besonderen Stellung der Steine.

Wir müssen nun einige Worte über den König sagen, eine andere Hauptperson für die Verteidigung.

Der König.

Wir haben schon vom König gesprochen und wir wissen, daß er nicht aktiv am Mittelspiel teilnehmen kann. Wenn er in Gefahr ist, ist das ganze Spiel in Gefahr; daher bringt es mehr Nachteil als Vorteil, wenn er am Kampfe teilnimmt. Das beste, was er tun kann, ist, die andern Steine nicht zu sehr mit seiner Verteidigung zu behelligen. Was heißt das? Vor allem, nicht die starken Felder zu besetzen, die die Stärke der Figuren vermehren, und weiter, nicht zwischen ihnen zu stehen und sie voneinander zu trennen. Beide Ziele können erreicht werden, wenn sich der König vom Zentrum nach einem der Flügel begibt. Dadurch wird er aus dem Kampf gebracht, da sich normalerweise das Spiel beim Beginn im Zentrum entwickelt. Wenn der König auf diese Weise nach den schwächeren Feldern auf den Flügeln gebracht ist, ist er natürlich noch weiter geschwächt. Aber er nimmt dem Angriff die Schärfe, da der Feind keinen Wunsch hat, die schwachen Felder auf dem Brett anzugreifen. Er greift entweder die starken Felder oder die schwachen Punkte in der Stellung an; während der einzige Anreiz beim Flügelangriff die Anwesenheit des Königs ist.

Schwächt der König die Flügelstellung durch seine Anwesenheit? In gewissen Fällen macht er sie im Gegenteil stärker und gibt den Bauern einen Schutz, den sie zuvor nicht hatten. Er erfüllt damit seine zweite, aktive Rolle: den Schutz der Steine, die ihn decken. Er tut dies bisweilen nicht nur zur Selbstverteidigung, sondern auch, um den Angriff in Gang zu bringen. Es ist oft nötig, die Randbauern ein wenig vorzurücken, um den Angriff auf der betreffenden Seite zu beginnen, so daß die anderen Bauern mit ihrem Sturmversuch vorrücken können. Der König folgt, stärkt und stützt sie.

Freilich die Hauptsorge ist, ihn zu schützen, wie es gezeigt wurde in den Fällen, wo die Stellung durch einen (vielleicht erzwungenen) Bauernzug geschwächt wurde. Mitunter deckt eine Figur die Löcher, aber meist tut dies der König.

Wir wollen annehmen, der g-Bauer ist nach g3 vorgerückt. Um die Löcher auf f3 und h3 zu decken, wird der Läufer nach g2 gestellt; aber ebenso kann der König dorthin gestellt werden. Wenn der h-Bauer nach h3 vorgerückt ist und angegriffen wird, kann er geschützt werden durch Lf1, Sg1 oder Kh2.

Der König schwächt allerdings die Stellung, in der er sich befindet, da er den Angriff auf diesen Punkt verhängnisvoll macht. Daher soll der Angriff auf diesen Punkt mit großer Energie geführt werden. Wenn der König nicht dort steht, kann der Gegner einen Bauern gewinnen oder die Bauernstellung aufreißen, aber er kann für einen solchen Angriff keine Figur opfern. Wenn jedoch der König dasteht, dann kann der Gegner alle seine Figuren opfern, um ein Matt zu erzwingen. Wo auch der König stehen mag, diese Stellung wird stets gefährlich sein und stets des Gegners Angriff auf sich lenken. Man muß daher einige Figuren für den Schutz des Königs bereit halten; aber wir müssen an des Königs Pflicht denken, nicht Figuren für seinen Schutz erforderlich zu machen. Da der König, wenn er sich in den Kampf begibt, einige Figuren mit sich nimmt, schwächt er seine eigne Partei ganz bedeutend und raubt ihr Kriegsvorrat. Alle Figuren müssen am Kampfe teilnehmen, da das Spiel auf einem aktiven Kampfe beruht, in den alle Kräfte geworfen werden müssen. Durch deren Rückzug vermindern wir unsere Aussichten. Wir müssen dann vor allem daran denken, keine Figuren für den Schutz des Königs zu verwenden, ehe er in Gefahr ist; sondern er muß zu seiner Sicherheit an einen sicheren Platz gestellt werden. Zweitens muß die Figur, die den König schützt, auch am aktiven Spiele teilnehmen. Die Stellung des Springers auf f3 ist stark, weil der Springer, als die beste Figur zur Verteidigung der Rochadestellung, gleichzeitig eine vorteilhafte Figur für den Zentrumsangriff ist. In gleicher Weise ist die Stellung des Läufers auf g2 vorteilhaft, weil er den König gut deckt und gleichzeitig das Zentrum stark angreift. Schließlich ist es nötig, die passendste Figur für den Schutz des Königs zu wählen. Die Aufstellung verschiedener Figuren hängt jedoch stets von den verschiedenen Eigenschaften der Stellung ab, wie wir später sehen werden.

Hier ist es notwendig, einige Worte über den Unterschied zwischen den beiden Rochaden zu sagen. Oberflächlich wird dies folgendermaßen auseinandergesetzt. Bei der kurzen Rochade steht der König sogleich in Berührung mit der g-Reihe und h-Reihe, während andererseits der Turm nicht unmittelbar in Berührung mit dem Zentrum ist. Bei der langen Rochade ist der Turm sofort im Zentrum, aber der König steht auf der c-Linie. Ein weiterer Zug kann beide Fälle ausgleichen. Nach der kurzen Rochade kann der Turm ins Zentrum ziehen; nach der langen Rochade kann der König nach b1 gehen. Im ganzen besteht ein großer Unterschied zwischen den beiden Manövern. Die lange Rochade ist aktiver; aber nicht nur um den König in Sicherheit zu bringen, ist es nötig einen Zug zu verlieren. Ein noch weiterer Zug ist nötig, damit diese Rochade möglich wird: die Dame muß herausgebracht werden. Wir haben jedoch schon gesehen, daß es unnötig ist, sie bei der Eröffnung zu ziehen. Wenn sie herausgebracht ist, zeigt das Spiel ein anderes Gepräge, mit dem die lange Rochade in Einklang stehen muß.

Der erste Unterschied ist sodann, daß die kurze Rochade der Eigenart entbehrt, jedoch der kürzeste Weg ist, den König an einen sicheren Platz zu bringen, während die lange Rochade nur unter bestimmten Bedingungen möglich ist.

Zweitens sind das Ziehen der Dame und die Stellung des Turmes auf der d-Linie nach der langen Rochade von Bedeutung, wenn der d-Bauer zwei Schritte gezogen ist. Wenn dieser Bauer auf d3 steht, hat der Turm hinter ihm nichts zu tun und nimmt auch die Dame spät am Spiele teil. Wenn aber der d-Bauer nach d4 vorgerückt ist, ist es natürlich, seine Unterstützung durch den c-Bauern zu erwarten, hinter dem der König steht. Und so müßte er zunächst zur Sicherheit zweimal ziehen und nach a1 gehen. Wiederum besteht in diesem Falle Grund für den Damen-Turm, auf c1 zu stehen, und für den andern, auf d1. Das heißt, der Turm muß nach der Rochade einen Schritt zurück nach c1 ziehen. Dies zeigt, daß die lange Rochade am Platze ist, wenn ein Angriff auf dem Königsflügel beabsichtigt ist. Aber es kommt auch vor, daß in diesem Falle oft die kurze Rochade bevorzugt wird, weil wegen der Stellung des Turmes auf f1 die Möglichkeit besteht, den Angriff sofort mit dem Vormarsch des f-Bauern zu beginnen. So ist die kurze Rochade normal und gewöhnlich, während die lange Rochade in besondern Fällen und unter bestimmten Bedingungen paßt, besonders im Hinblick auf einen Angriff auf dem Königsflügel.

Wir wollen uns nun zu den andern Figuren wenden.

Dame, Springer, Turm und Läufer.

Wir kennen bereits die Unterschiede, die zwischen den verschiedenen, das aktive Element im Schach bildenden Steinen bestehen.

Der stärkste ist die Dame, welche die Gangart von Turm und Läufer vereinigt und, wie diese, Linien beherrscht, aber ebenso, wie der Springer, einen Kreis von angrenzenden Feldern bestreicht. Da die Dame typisch fürs Mittelspiel ist, werden wir später über sie sprechen, ihr jedoch nicht viel Aufmerksamkeit zollen, weil sie die Eigenschaften anderer Figuren in sich vereinigt und wir durch diese sie auch selbst kennen lernen werden.

Zuerst werden wir den Turm und den Läufer darannehmen.

Wir kennen ihre besonderen Eigenschaften. Sie beherrschen die Linien; der Turm die Senkrechten und Wagrechten, der Läufer die Diagonalen. Dies offenbart zugleich ihre Besonderheiten. Jeder Läufer bestreicht lediglich das halbe Brett und die Läufer können einander während eines Angriffs nicht unterstützen, während die Türme einander stützen können. Dies zeigt, daß die Türme die stärkeren sind. Natürlich hängt die Stärke jedes Steines von seiner Bewegungsfreiheit und der Zahl der von ihm beherrschten Felder ab. Da die Türme und Läufer auf Linien wirken, ist die erste Bedingung für ihre Kraft, daß sie solche Linien beherrschen. Wenn sie keine Linien beherrschen, vermindert sich ihre Kraft und kann mitunter bis zur Kraft eines Bauern gemindert werden. Sehr oft versucht der Gegner, die entgegentretenden Figuren in ihrer Wirkung aufzuheben. Er verschließt die Linien, indem er Steine darauf stellt, die natürlich schwächer sind als die, deren Linien er abschließt. Der Spieler dagegen, der Turm und Läufer besitzt, muß versuchen, die Linien zu öffnen. Wenn die Linie durch einen feindlichen Stein verschlossen ist, kann dieser durch einen schwächeren Stein verjagt werden oder abgetauscht werden. Im letzteren Falle muß man ein Opfer bringen, indem man einen starken Stein für einen schwächeren hingibt, weil eine offene Linie für den Verlust Ausgleich bietet durch Verstärkung des Steines, der die Herrschaft über sie bekommt.

Etwas anderes kann sich jedoch ergeben, wenn die Linie durch einen eigenen Stein verschlossen ist, d. h. durch einen Bauern — weil die Versperrung der Linie durch einen anderen Stein durch dessen nächsten Zug aufgehoben werden kann.

Wie kann man eine durch einen eigenen Bauern gesperrte Linie öffnen? Durch Vorrücken des Bauern kann man eine Querreihe oder eine Diagonale öffnen, aber nicht eine Längslinie, die die Hauptlinie für den Turm ist. Dies zeigt, wieviel schwieriger es ist, eine Linie für einen Turm als für einen Läufer zu öffnen. Um eine Längslinie zu öffnen, muß ein feindlicher Stein durch den auf der Linie stehenden Bauern genommen werden. Die Möglichkeit dazu hängt sehr viel vom Willen des Gegners ab, weil er keinen seiner Steine dem Geschlagenwerden durch diesen Bauern auszusetzen braucht. Man kann ihn jedoch dazu zwingen durch das Opfer einer Figur. Wenn er es annimmt, gibt er dem Bauern die Möglichkeit, die Linie, die er sperrt, zu verlassen. Ein anderer Weg besteht darin, den Bauern zu opfern; der Feind kann jedoch wählen, was für ihn besser ist —

das Opfer anzunehmen und die Linie zu öffnen, oder es abzulehnen und die Linie geschlossen zu lassen.

Es gibt jedoch noch einen anderen guten Weg, die Kraft des Turmes zu verstärken. Wenn der Bauer, der die Linie sperrt, keinen feindlichen Bauern gegenüber hat, wird er sehr stark durch die Unterstützung des Turmes von hinten und wirkt wie ein Rammbock, indem er die feindliche Stellung unter Feuer nimmt und den Gegner zwingt, Figuren zu seiner Zurückhaltung zu verwenden. Jeder Zug des Bauern stärkt den Turm, weil er dessen Linie verlängert.

Wenn aber vor dem Bauern ein feindlicher Bauer steht, so hat man die Wahl zwischen zwei Wegen: entweder den eigenen Bauern von dieser Linie wegzubringen und den Angriff des Turmes auf den feindlichen Bauern zu richten (ein feindlicher Bauer auf der Turmlinie — wenn diese offen ist — ist stets ein Angriffsgegenstand, obgleich er, wie schon gezeigt, eine große Stärke bekommen kann), oder im Gegenteil den feindlichen Bauern zu entfernen, indem man ihm eine Figur schlagen läßt, und den eigenen Bauern vorwärts zu schieben. Die Natur der Stellung muß entscheiden, welcher der beiden Wege eingeschlagen werden soll.

Wenn es schwierig ist, die Linie zu öffnen, ist die Wirkung stets sehr groß, wenn sie geöffnet wird und die Figur, die bis dahin eingeschlossen war, ihre Freiheit zurückerhält. Das ganze Spiel wird stärker, gerade wie wenn eine Figur gewonnen worden wäre.

Wenn der Feind jedoch die entgegenstehende Figur zu umringen sucht, kommt er vielleicht durch Abschluß der Linie in Nachteil. Und es kann vorkommen, daß Linien für ihn ebensogut wie für seinen Gegner verschlossen sind. Der Abschluß einer Linie ist nützlich, wenn der Feind stärker ist, oder wenn die Linie zu schwachen Punkten im eigenen Lager führt, oder schließlich, wenn der Feind einige Figuren hat, die Linien beherrschen, gegenüber den eigenen Figuren, die sie nicht beherrschen.

Es kommt oft vor, daß ein Spieler hart um die Öffnung einer Linie kämpft, aber schließlich deren Öffnung ihn reut; eine Partei öffnet die Linie und die andere hat den Nutzen davon, indem sie diese in Besitz nimmt. Daher müssen wir, um die Stellung richtig zu beurteilen, nicht nur über die Figuren. im Kampfbereich wachen, die augenblicklich die Linien beherrschen, sondern auch in Betracht ziehen, ob es ihnen möglich ist, sie dauernd zu beherrschen. Nicht weniger genau muß überlegt werden, ob die Linien geöffnet werden sollen oder nicht. Als Regel gilt, daß ihre Öffnung vorteilhafter ist für die stärkere Partei oder in dem stärkeren Teil der Stellung.

Was wir gesagt haben, zeigt den großen Unterschied zwischen Turm und Läufer in der Beherrschung von Linien und der Möglichkeit, sie zu öffnen. Im allgemeinen sind die Linien für den Turm geschlossen und es ist notwendig, ihre Öffnung während des Spiels zu erzwingen; für den Läufer dagegen sind die Linien nur in seltenen Gelegenheiten geschlossen. Dieser Hauptunterschied kommt von der Stellung des Brettes und der Anwesenheit der Bauern. Da das Brett mit den Seiten nach den Spielern gestellt wird und die Bauern alle Längslinien einnehmen, auf denen sie zum Feinde vorrücken, sind diese Linien von Beginn an völlig durch die Bauern besetzt und können von ihnen nur durch Abtausch von Bauern, Wegnahme von Bauern oder Wegnahme von Figuren durch Bauern befreit werden; im allgemeinen nur durch mehrfache Änderung ihrer Stellung. Daher sind die Längslinien, die wichtigsten Linien für die Türme, geschlossen, und selbst die Querreihen sind nicht leicht zu öffnen, weil jeder Bauernzug eine neue verschließt. Die Diagonalen dagegen bleiben ziemlich alle offen und in jedem Falle hat der Läufer leicht die Möglichkeit, seine Diagonale zu wechseln. Lediglich die Zentrumsdiagonalen sind sehr häufig durch die Zentrumsbauern gesperrt.

Wenn dagegen das Brett mit den Ecken nach den Spielern gestellt würde, würden die Bauern auf den Diagonalen ziehen und es würde sehr schwer sein, Linien für die Läufer zu öffnen.

Es entsteht nun eine Frage: würde es nicht besser sein, die Türme vor die Bauern zu stellen und dadurch den Abschluß der Linien durch die Bauern zu vermeiden? Wenn jedoch die Türme vor den Bauern ständen, würden mannigfache Unzuträglichkeiten entstehen. Zunächst könnte der Turm durch alle feindlichen Figuren und Bauern bedroht werden. Weiter würde der Turm die Bauern am Vorrücken hindern und würde damit den Angriff schwächen. Schließlich würde es sehr schwer für die Türme sein, sich hinter die Bauern zurückzuziehen, wenn sie einmal vor ihnen wären. Nehmen wir an, ein Turm steht auf g3, während der Bauer noch auf g2 steht. Um den Turm in die zweite oder erste Reihe zu bringen, müssen wir ihn auf der dritten Reihe bis zu einer von Bauern freien Linie ziehen und dann auf dieser Linie in die Stellung zurückziehen. Wenn aber ein Bauer auf die dritte Reihe vorgerückt sein sollte, würde diese Rückkehr des Turmes nahezu unmöglich sein. So sehen wir, wie der Turm seine eigenen Bauern belästigt und wie gefährlich seine Stellung vor ihnen ist. Folglich kann er nur in gewissen Fällen so aufgestellt werden.

Der Läufer hat dagegen keine Schwierigkeit, in sein eigenes Lager zurückzukehren, wenn er vor den Bauern steht. Es genügt, daß der benachbarte Bauer ein Feld vorwärts gezogen ist. Dadurch öffnet er dem Läufer eine Diagonale zur Verwendung. Überdies bedroht der vor den Bauern stehende Läufer die anderen Flügel des Brettes und daher brauchen die Bauern, die er verdeckt, nicht zu ziehen. Schließlich fürchtet der Läufer, als eine schwächere Figur, die Angriffe der feindlichen Figuren nicht so, wie der Turm. Dies zeigt, daß die Stellung des Läufers vor den Bauern ganz normal ist, während eine solche Stellung für den Turm nur als eine Ausnahme in gewissen Fällen möglich ist.

Einer dieser besonderen Fälle ist, abgesehen von der Frage des Angriffs auf der Linie, dann gegeben, wenn der Turm, vor den Bauern postiert, in wagerechter Richtung ziehen kann.

Wir wissen, daß der Turm auf der Linie in der Richtung auf den Feind angreift. Aber abgesehen davon, greift er auch entlang der neutralen Querreihe an, was jedoch im Mittelspiel selten in Erscheinung tritt, da der Turm, umringt von anderen Figuren, im Lager bleibt oder, wenn nicht, selten einen Gegenstand für horizontalen Angriff hat.

Wenn seine Stärke auf den wagrechten Reihen verstärkt werden könnte, würde dadurch sofort seine Kraft außerordentlich vermehrt werden. Dies ist jedoch sehr selten möglich, weil die mittelsten Querreihen von Bauern besetzt sind und die dritte Reihe von den eigenen Figuren, so daß die Tätigkeit des Turmes nicht erforderlich wird. Es bleiben lediglich die letzten Querreihen übrig, die im feindlichen Lager liegen. So findet die wagerechte Bewegung des Turmes, abgesehen vom Schutz des eigenen Lagers, am ehesten während eines Angriffs auf die feindliche Stellung statt.

Diese Beobachtungen zeigen, daß der Turm nicht immer im Spiel von allen seinen Zugmöglichkeiten Gebrauch machen kann. Dies ist mit allen anderen Figuren ebenso der Fall. Jede Figur, die vorrückt, verkürzt ihren Wirkungsbereich, weil sie die Zahl der Felder vor sich vermindert und hinter sich vermehrt. Alle Linien hinter einer Figur, die nach dem eigenem Lager führen, sind nur nütze als Möglichkeiten für den Rückzug und vermehren die Stärke einer Figur nicht. Wenn dagegen eine Figur in ihrem eigenen Lager steht, greift sie jeden Punkt der feindlichen Stellung an und beherrscht alle Felder zwischen ihrem Feld und dem feindlichen Lager. Wie wir bereits gesagt haben, hat der Turm auf allen Feldern des Brettes denselben Bereich für seine Drohungen; und es könnte demnach scheinen, daß es gleichgültig ist, wo er steht. In Wirklichkeit ist das nicht so, denn wir kennen den Unterschied zwischen verschiedenen Linien und haben jetzt die Bedeutung der „offenen" Linien kennen gelernt. Schließlich sehen wir, daß die Richtung des Angriffs so wichtig ist, daß eine ganze Linie, auf der der Turm im eigenen Lager beherrschend zieht, weniger zählt, als ein Feld im feindlichen Lager, das unter seiner Herrschaft steht. So ist es besser für den Turm, nicht starke Felder im Vordergrund des Brettes zu besetzen, sondern in der Mitte seiner eigenen Partei postiert zu sein.

Nun bemerken wir jedoch einen Unterschied von Bedeutung in dem Wort „Besitz“ von Feldern. Ein Stein kann auf einem Feld stehen und das wird Besitz bedeuten; es ist aber möglich, ein Feld unter der Drohung eines Steines zu halten, was auch Besitz des Feldes bedeuten wird. Wir wissen, daß in Anbetracht der Wichtigkeit, starke Felder zu besetzen, nicht genug Steine da sind, sie alle zu besetzen. Dies ist jedoch nicht notwendig. Es ist wichtig, den Gegner keine starken Felder besetzen zu lassen, und gleich wichtig, darauf soviel wie möglich eigene Figuren zu postieren, d. h. Läufer, Springer und Bauern.

Die beiden letzten Steine werden besonders stärker, weil sie — als kurzschrittig — näher stehen müssen, um drohen zu können. Aber abgesehen davon gibt es noch einen anderen Grund, warum diese Steine starke Felder besetzen müssen. Da sie die schwächsten Steine sind, ist es deshalb sehr schwierig, sie zu vertreiben, und sie bleiben lange auf den eingenommenen Feldern.

In dieser Hinsicht ist es das beste, die Bauern dahin zu stellen; sie behindern jedoch den Gegner nicht sehr stark, und bei einem Angriff können sie nicht entrinnen, sondern gehen zugrunde. Es ist daher besser, den Springer zu verwenden. Er ist die schwächste von den eigentlichen Figuren und greift den Feind gleichzeitig in vier Richtungen an, während der Läufer nur in zwei Richtungen zieht.

In jedem besonderen Fall muß man entscheiden, welcher Stein auf das starke Feld, das besetzt werden soll, zu stellen ist; und die vorerwähnten allgemeinen Bemerkungen genügen völlig, den Spieler eine Wahl unter normalen Bedingungen treffen zu lassen.

Jedenfalls kann man sagen, das der beste Stein für die Felderbesetzung im Zweifelsfalle der Springer ist.

Wir müssen uns nun mit dieser Figur beschäftigen. Wir kennen den Hauptunterschied des Springers vom Turm und Läufer: er beherrscht keine vollständige Linie. Da er angrenzende Felder bestreicht, wird er beträchtlich schwächer, wenn er sich dem Brettrande nähert, vor allem, weil er in diesem Falle eine geringe Zahl von Feldern bestreicht, und weiter, weil diese Felder viel weniger wichtig sind. Man kann sagen, daß die besten Stellungen für den Springer durch die dritten Linien allseits begrenzt werden, mit anderen Worten im „vergrößerten Zentrum“ liegen. Sein Vorrücken schwächt ihn nicht, weil die Zahl der von ihm beherrschten Felder jenseits des eigenen Lagers dieselbe ist und er andrerseits stärker wird, da er den Feind ernstlich zu bedrohen beginnt. Der Springer, der keine Linien, sondern angrenzende Felder mit Unterbrechungen beherrscht, zieht von jedem Punkt nach vier Richtungen auf den Feind zu und kann daher nicht so fest begrenzt werden wie der Läufer, der von den Flügeln nach dem Zentrum und umgekehrt zieht. Der Springer wirkt vom Zentrum nach dem Zentrum und den Flügeln und von den Flügeln nach dem Zentrum und den Flügeln.

Seine unterbrochene Gangart macht den Springer ganz unabhängig von den Bauern, weil er zwischen ihnen hindurchschreitet. Daher wird der Springer, obgleich der Läufer stärker ist, in solchen Stellungen stärker, wo es viele Bauern gibt, wo diese geschlossen stehen und wo das ganze Spiel sehr ineinander verschoben ist, weil er zwischen allen Steinen hindurch schreitet, während der Läufer nicht zur Beherrschung einer Linie gelangen kann.

Wir wollen nur einige Worte über die Dame sagen.

Man braucht nicht viel darüber zu sagen, weil ihre Züge die von Turm und Läufer verbinden, durch deren Kenntnis wir die ihrigen verstehen können. Es ist nicht schwer, die Unterschiede festzustellen, die durch die Verbindung der Züge dieser beiden Figuren bei der Dame entstehen. Alle jene Gefahren, von denen wir in bezug auf den Turm sprachen, fallen für die Dame weg, weil sie sich stets auf der Diagonale retten kann. Daraus folgt, daß man sie nicht hinter den Bauern zu halten braucht, wie die Türme. Mehr noch, sie muß vorgebracht werden, weil sie bei ihrer Stellung auf der Seite des Brettes nur die Kraft von Turm oder Läufer enthalten kann. Bei einer solchen langen Entfernung verlaufen die Diagonalen für sie zu entfernt von den Senkrechten und Wagrechten, als daß sie alle ihre Drohungen auf allen diesen Linien gegen den Feind verbinden könnte. Wenn dagegen die Dame vornansteht, bedroht sie alle Stellungen des Feindes sehr stark, wenn nicht in vier Richtungen wie der Springer, so doch in drei. Sie hat jedoch Vorteile vor dem Springer, weil ihre Linien vollständig sind und sie aus der Entfernung drohen kann. Während daher der Springer auf einem offenen Brett, bei all seiner Wirkung in acht Richtungen, nichts zu drohen braucht (seine Kraft wächst tatsächlich im Verhältnis zur Zahl der Steine auf dem Brett), kommt die Kraft der Dame bei günstiger Gelegenheit in weit entfernten Drohungen zur Geltung. Wenn das Brett zu voll ist, muß die Dame oft zusehen, ohne am Kampfe teilzunehmen; und in solchen Fällen steht sie abseits und spart ihre potentielle Kraft auf. Wenn dagegen das Brett leer ist, gewinnt die Dame eine ungeheure aktive Kraft.

Nach all dem Gesagten, unter Erwägung, daß die Dame der stärkste Stein auf dem Brett ist, ist es klar, daß man die Dame mit größerer Zuversicht als den Turm ins Spiel bringen kann. Sie in Sicherheit hinter den Linien zu halten, heißt ihre Kraft herabmindern. Da diese Kraft jedoch gering ist, wenn das Brett zu voll ist, soll ihre Verwendung in diesem Falle darauf beschränkt sein, von weitem zu drohen und auf ein offeneres Brett zu warten. In gleicher Weise kann sich ein Ozeandampfer nicht in einem engen Fluß bewegen, sondern muß mehr Platz haben. Überdies wird die Dame auf dem vollen Brett beständig von schwächeren feindlichen Steinen angegriffen, vor denen sie zurückweichen muß.

Man muß auch den Unterschied zwischen dem Springer und den zwei anderen, angrenzende Felder beherrschenden Steinen, dem König und der Dame, feststellen. Von diesen drei wirkt allein der Springer am besten auf einem steinerfüllten Brett.

Kapitel III.

Die wesentlichen Grundlagen des Spiels.

Gewinn an Kraft, Raum und Zeit.

Nachdem wir nun mit den Grundelementen des Schachs Bekanntschaft gemacht haben, können wir uns fragen, was sein Ziel ist und was uns als Richtschnur dienen muß, wenn wir es mit seinen Elementen zu tun haben.

Der Gegenstand eines jeden Spieles ist bekanntlich das Matt; dieses kennzeichnet den Sieg, der das Spiel krönt. Wenn das Spiel beginnt, sind beide Parteien gleich stark, und daher ist es nötig, das Spiel von absoluter Gleichheit zu absoluter Ungleichheit zu bringen, bevor sich der Sieg einer Partei zuneigt. Auf dem Weg zum Matt gibt es besondere Kernpunkte, deren Erlangung die Gleichheit zwischen den Spielern verkleinert. Diese verschwindet und der Spieler, der weiß, wie man Vorteile gewinnt und sie anhäuft, wird das Spiel gewinnen.

Da das Schach auf drei Elementen aufgebaut ist, so werden Vorteile in diesen Elementen ausgedrückt. Ein Spiel zu gewinnen bedeutet, einen Gewinn zu erlangen in den Elementen, aus denen es zusammengesetzt ist.

Was bedeutet Gewinn an Kraft, Raum und Zeit? Das erste ist leicht zu bestimmen. Der Spieler, der die zahlreicheren Steine hat oder dessen Steine stärker sind, hat Vorteil an Kraft. Das zweite, der Gewinn an Raum, ist ebenso leicht auseinanderzusetzen. Der

Spieler, der den größeren Teil des Bretts beherrscht oder dessen stärkste Felder, hat Vorteil an Raum. Schwieriger ist es, den Gewinn an Zeit zu beschreiben, da er nicht ohne weiteres wahrnehmbar ist.

Natürlich hat der Spieler, der in einer gegebenen Stellung die größere Zahl von Steinen oder die wichtigeren Steine entwickelt, einen Gewinn an Zeit gemacht. Aber in dem Standpunkte, bis zu dem wir jetzt vorgeschritten sind, können wir einen solchen Vorteil nur feststellen, wenn die Ungleichheit der Stellungen ausgeprägt ist oder in der Spieleröffnung. In Stellungen, die nahezu ausgeglichen sind, muß man genauer nachspüren, wer den Vorteil an Zeit hat. Zu diesem Zwecke müssen wir die Züge abzählen, die von beiden Parteien zur Erlangung einer gegebenen Stellung gemacht worden sein müssen.

Chajes.

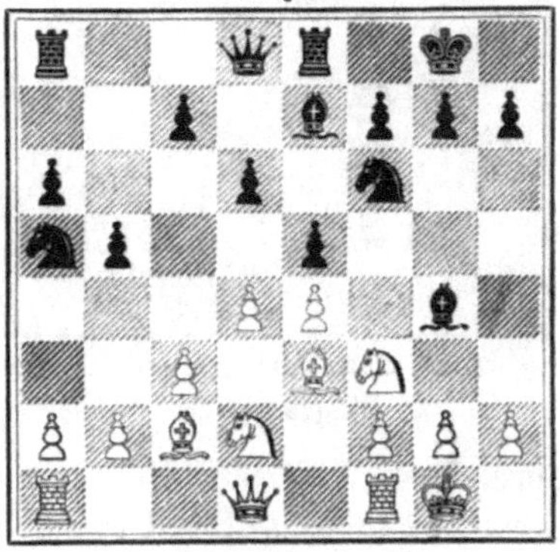

Capablanca.
Diagramm 35.

Wir wollen z. B. die Stellung im Diagramm 35 annehmen. Weiß hat mit seinen Bauern 3 Züge, mit seinen Springern 2 Züge, mit seinen Läufern 3 Züge, mit seinem König 1 Zug (Rochade) gemacht — in ganzen 9 Züge. Schwarz hat mit seinen Bauern 4 Züge, mit seinen Springern 3 Züge, mit seinen Läufern 2 Züge, mit seinem König 1 Zug (Rochade), mit seinem Turm 1 Zug gemacht — alles zusammen 11 Züge. Dies bedeutet, daß Schwarz 2 Züge gewonnen hat.

Es ist natürlich am besten, Vorteil in allen drei Elementen zu haben, d. h. eine Figur mehr zu haben, den größeren Teil des Bretts zu beherrschen, und alle Steine zu entwickeln, während der Gegner nur einen Teil entwickelt hat. Dies ist jedoch selten möglich und nur dann zu beobachten, wenn eine Partei nahe am Siege ist. Viel öfter trifft es sich, daß ein Vorteil in einem Element mit einem Nachteil in anderen verbunden ist. Sehr häufig wechselt diese Kombination von Elementen im Verlaufe eines Spieles, und der Spieler, der in einem bestimmten Augenblick einen Gewinn an Zeit hatte, gewinnt später an Raum und verliert an Zeit, d. h. er wechselt ein Element gegen ein anderes aus. Als Beispiel mag dieselbe Partie Capablanca—Chajes dienen, 10 Züge später als die Stellung in Diagramm 35 (siehe Diagramm 36). Wir wollen die Züge berechnen, die die Spieler gemacht haben.

Weiß hat mit seinen Bauern 5 Züge gemacht, mit seinem Springer 2, mit seinen Läufern 3, mit seinen Türmen 1, mit seinem König 1, mit seiner Dame 2 — alles zusammen 14 Züge. Schwarz hat mit seinen Bauern 3 Züge gemacht, mit seinem Läufer 2 (der Rückzug des Läufers auf sein Ursprungsfeld muß gerechnet werden, da sonst die Rochade unmöglich gewesen wäre), mit seinen Springern 5, mit seinem König 1, mit seinem Turm 1 — im ganzen 12 Züge. Jetzt hat also Weiß 2 Züge gut, was bedeutet, daß er

Chajes.

Capablanca.
Diagramm 36.

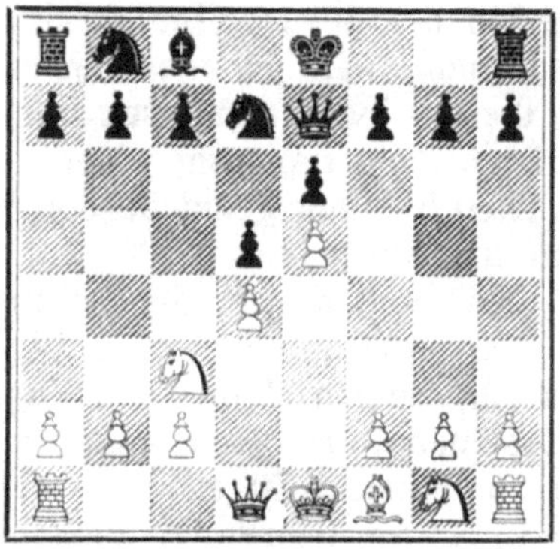

Diagramm 37.
Raumgewinn gegen Zeitgewinn.

während der letzten 10 Züge 4 Züge gewonnen hat, da ja zuvor Schwarz 2 Züge gut hatte.

Wir sehen demnach, daß es nicht so schwierig ist, den Vorteil in einem der Elemente zu bestimmen; dagegen ist es viel schwieriger, den vergleichsweisen Wert der ganzen Lage zu betrachten (Verlust in einem Element und Gewinn im andern). Es ist leichter, die Stellung im Hinblick auf die Kräfte zu verstehen, weil ihre Stärke leicht abzuschätzen ist. Das sogenannte „Opfer" ist nichts anderes als die Hingabe eines Steines, um einen Vorteil in einem anderen Element, Zeit oder Raum, zu gewinnen. Das Gambit bedeutet Opfer in der Eröffnung — an Bauern oder Figuren — um einer schnellen Entwicklung willen. Ein korrektes Opfer bringt einen genügenden Vorteil an Zeit oder Raum für die verlorene Figur, ein falsches einen zu geringen.

Es besteht nun eine solche Beziehung zwischen Zeit und Raum, daß es möglich ist, Raum für Zeit hinzugeben und umgekehrt. Da das Spiel mit den Steinen gespielt wird, entgeht diese Beziehung zwischen Zeit und Raum oft der Aufmerksamkeit des Spielers, und die Opfer, die er in einem der Elemente bringt, werden oft unbewußt gemacht. Sie sind indessen ganz wirklich vorhanden.

Infolgedessen wird die Stellung oft falsch bewertet. Nehmen wir als Beispiel eine Eröffnungsstellung der Französischen Partie, die im praktischen Spiel oft vorkommt (Diagramm 37). Folgende sind die Eröffnungszüge: 1. e4, e6 2. d4, d5 3. Sc3, Sf6 4. Lg5, Le7 5. e5, Sd7 6. Le7:, De7:.

Es ist sofort erkennbar, daß Weiß an Raum gewonnen hat, dank seines vorgerückten Mittelbauern, und es könnte scheinen, daß der hierdurch erlangte Vorteil sinnfällig ist. Wir wissen jedoch, daß der Gewinn des Spiels für Weiß nicht gewiß ist.

Was ist der Grund hierfür? Es ist die Zeit. (Wenn ich nicht irre, hat Alapin zuerst die gegenseitige Bezeichnung von Zeit und Raum in dieser Variante aufgedeckt.)

Zählen wir die Züge, die beide Parteien gemacht haben, so sehen wir, daß Weiß 4 Züge gemacht hat, während Schwarz 5 Züge gemacht hat, also Schwarz 1 Zug gewonnen hat. Beide Spieler haben korrekt gespielt, aber einer gewann Vorteil an Raum und der andere an Zeit. Man kann sagen, daß Weiß Zeit für Raum opferte, oder umgekehrt Schwarz Raum für Zeit. Um zu verstehen, wer den Vorteil hat, müssen wir den Wert der Stellung abschätzen und ob der Gewinn in einem der Elemente Ersatz bietet für den Verlust in dem anderen. Wir können hier auf diese Einzelheiten nicht eingehen, die der Gegenstand aufmerksamer Beobachtungen im Teil II sein werden. Wir nehmen jetzt nur Kenntnis davon, und es folgt aus allen diesen Beispielen und aus dem, was wir über Opfer gesagt haben, daß es, abgesehen von wirklichen Vorteilen und Gewinnen, auch eingebildete gibt.

Wir wollen annehmen, daß ein Spieler ganz am Beginn den Turmbauern bis zur fünften Reihe zieht. Er verliert dadurch keinen einzigen Zug, und wenn sein Gegner inzwischen nichts tut, so gewinnt er vielleicht 2 Züge. Aber wir wissen, daß die Entwicklung dieses Bauern keinen Wert hat, und der Gewinn an Zeit führt zum Verlust der Partie. Wir finden dasselbe auch hinsichtlich des Raumes, wenn z. B. ein Spieler Raum gewinnt auf einem Flügel, während das Spiel auf dem andern entschieden wird. Dasselbe gilt auch für die Kraft, wenn der Spieler, der eine Figur oder einen Bauern gewinnt, nachher gezwungen wird, das Spiel zu verlieren. Dies zeigt, daß man bei einer Bewertung von Gewinnen und Verlusten in den Elementen sich nicht auf eine äußerliche Zusammenzählung von Figuren, Feldern und Zügen beschränken kann. Eine solche Zusammenzählung führt lediglich zu einer flüchtigen Kenntnis der Stellung und kann unmöglich etwas Weiteres ergeben. Die zweite Stufe in der Analyse ist die qualitative Bewertung.

Es genügt nicht, nur zu sehen, wie viele Figuren jeder Spieler und welcher die stärkeren hat, wir müssen ebenso ihre Stellung betrachten. Wir müssen herausfinden, wer die stärksten Felder beherrscht, ob die Figuren vorteilhaft für die Ausübung ihrer Tätigkeit postiert sind, ob sie miteinander in Verbindung stehen und ob sie genug Freiheit haben, ohne dabei schwache Punkte entstehen zu lassen. Dies ist uns vollständig vertraut durch das über die Eigentümlichkeiten der Schachelemente Gesagte, so daß eine solche Analyse für uns nicht schwer sein wird (einige erörternde Beispiele werden jedoch in Teil II gegeben werden). Aber die Analyse ist noch nicht beendet. Es gibt Fälle, wo ein Spieler alle Vorteile hat und dennoch verliert! Dies hängt von besonderer Ausnahmebeschaffenheit in einer gegebenen Stellung ab; von ihrem Gepräge, das einigen Figuren zum Nachteil von anderen eine besondere Bedeutung gibt. Dieses Gepräge ist maßgebend für das Spiel in seinen Einzelheiten, und man muß es kennen. Wir müssen also genau das Gepräge der Stellung verstehen, weil wir ohne dies das Spiel nicht wahrhaft beurteilen können.

Morphy.

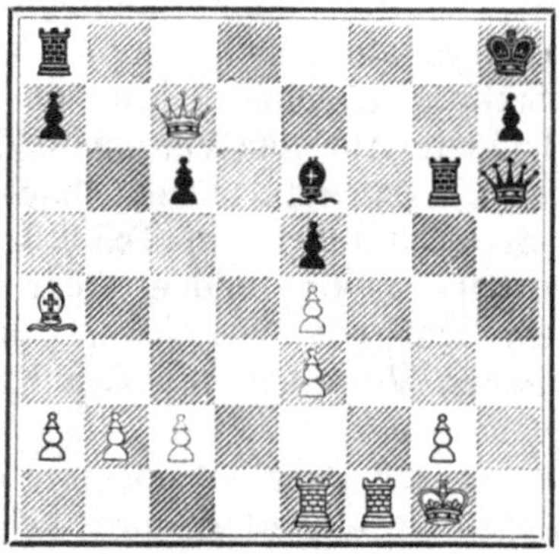

L. Paulsen.
Diagramm 38.

Wir wollen als Beispiel die Stellung im Diagramm 38 nehmen. Hier hat Weiß an Kraft, Raum und Zeit gewonnen, verliert aber sofort nach dem Opfer des schwarzen Turmes auf g2. Nehmen wir dagegen einmal an, daß in dieser Stellung der König nicht auf g1, sondern auf b1 stünde. Damit wird nichts an Kraft, Raum oder Zeit geändert. Es ändert sich jedoch vollständig das ganze Gepräge der Stellung, weil nun alle Angriffe von Schwarz vergeblich sind und ins Leere treffen; und nicht der weiße König, sondern der schwarze ist ungeschützt! Weiß wird nicht nur fähig sein, seinen Vorteil bis zum äußersten zu verwirklichen, sondern auch den Angriff auf den Feind zu entwickeln. Diese Beurteilung der Stellung ist hauptsächlich entscheidend und der starke Spieler macht gewöhnlich nur sie, weil er die beiden ersteren (quantitative und qualitative Analyse) fast unbewußt oder sehr schnell macht. Dieser Umstand führt jedoch häufig zu falscher Positionsbeurteilung, indem man zuviel zu eigenen Gunsten rechnet. Der Spieler schenkt gewöhnlich der allgemeinen Stellung zu wenig Aufmerksamkeit und urteilt von seinem eigenen Standpunkt. Wenn die Hoffnungen verflogen sind, dann macht sich die unerbittliche Logik der Dinge geltend und bestraft die Blindheit.

Daher kann nicht genug darauf hingewiesen werden, daß unerfahrene Spieler, besonders Anfänger, ihre Analyse und Beurteilung der Stellung sehr genau machen sollen, beginnend mit der quantitativen Analyse, fortschreitend zur qualitativen Analyse und schließlich endend mit einer ins Innere gehenden Bewertung der kennzeichnenden Züge der gegebenen Stellung.

Drohungen.

Wenn wir den Vorteil an Kraft, Raum und Zeit, d. h. den Vorteil an Stellung bekommen wollen, müssen wir natürlich nicht nur versuchen, ihn für uns selbst zu erlangen, sondern auch den Gegner von seiner Erlangung abzuhalten.

Das ist die Bedeutung des Kampfes, der vom ersten Zug auf dem Brett beginnt und während des ganzen Spieles dauert, bis ein Spieler den Vorteil erlangt und den anderen überwindet.

Die Erlangung der Initiative bedeutet vor allem ein kaum wahrnehmbarer Vorteil an Zeit oder Raum, der dem einen Spieler gestattet, seinen Gegner zu bedrohen, so daß dieser sich schützen muß. Daher hat in einem normalen Spiel stets Weiß die Initiative, weil er mit dem ersten Zug zuerst drohen kann. Obgleich bei Beginn die Stellungen genau gleich sind, besteht ein kleiner Vorteil an Zeit. Nicht ein Zug, nicht eine Zeiteinheit, aber ein sehr kleiner Teil davon, das Recht des Anzuges, verleiht Weiß die Initiative. So sind Drohungen das Mittel, den Gegner an der Erlangung des Vorteils und auch am Ausgleich des Spiels zu hindern. Wenn wir nicht drohen, geben wir dem Gegner volle Freiheit, sein Spiel zu entwickeln, wie er will, und alle seine Steine in ihrer vollen Stärke zu verwenden.

Die Drohungen zerfallen in: 1. Direkte, die sofort drohen; z. B. ein Bauer greift eine Figur an und droht, sie zu schlagen, ein Läufer gibt dem König Schach; und 2. Fernerliegende, d. h. Drohungen, die erst in einer Reihe von Zügen offenbar werden.

Es braucht nicht erst auseinandergesetzt zu werden, daß die letzteren gefährlicher sind, erstens, weil sie verborgen sind, und zweitens, weil sie kompliziert sind. Vor den ersteren ist es nicht schwer, sich zu schützen, während es vor den letzteren bisweilen nahezu unmöglich ist. Und die Deckung einer verborgenen Drohung ist so kompliziert, wie die Drohung selbst, wenn diese wirklich ernsthaft ist.

Nehmen wir als Beispiel umstehende Stellung (Diagramm 39). Weiß spielt g4—g5, mit der direkten Drohung, Bf6 zu schlagen, und mit der fernerliegenden, die Dame zu gewinnen, und wenn sie flieht, dann einen der Türme, durch die Züge gf† und g7. Schwarz kann leicht die direkte Drohung decken mit der Antwort f6—g5:; aber dann spielt Weiß 2. Df8+, Tf8: 3. Tf8:, d. h. er tauscht die Dame für zwei Türme. Dieser Tausch enthält jedoch die verborgene Drohung, die Dame zu gewinnen durch Tf7†; und wenn Dame oder König ausweichen, dann folgt Tf7(†) nebst Th8‡. Diese Drohung zwingt Schwarz, seinerseits die Dame für zwei Türme zu geben und Df8: zu spielen. Wenn Weiß 4. Tf8: antwortet, dann folgt Kf8: nebst e4 und Schwarz kann mit seinen zwei Freibauern (e4 und g5) gegen die beiden weißen Freibauern (g6 und h5) remis halten. Weiß nimmt jedoch nach Df8: die Dame nicht wieder, sondern spielt 4. h6†. Um die Dame zu decken, muß Schwarz Kg8 ziehen. Darauf folgt 5. h7†, Kg7 6. Tf8:, Kf8: 7. h8D† und Weiß gewinnt.

Janowski.

Dr. Tarrasch.
Diagramm 39.

In dieser Kombination sehen wir eine ganze Kette von überhand nehmenden Drohungen: zuerst Bauerngewinn auf f6; dann Damengewinn auf e7; dann Gewinn eines Turmes; dann Matt auf der h-Linie; und schließlich der Zug des Bh5, der Dame wird oder die feindliche Dame gewinnt. Schwarz kann alle Drohungen decken bis auf die letzte, gegen die es keine Verteidigung gibt. So war diese Drohung das Ziel der Kombinationen, den schwarzen Turm von der h-Linie zu vertreiben und dadurch die Linie für den Zug h5—h6 freizumachen. Die Verwirklichung dieser Drohung war hauptsächlich deshalb möglich, weil, abgesehen von der Hauptdrohung, jeder Zug eine direkte Drohung war, gegen die Deckung gesucht werden mußte.

So sehen wir, daß die entscheidende Rolle den fernerliegenden Drohungen zukommt, daß aber die direkten Drohungen insofern eine wichtige Rolle spielen, als sie dem Feind nicht erlauben, sich gegen die Hauptdrohung sogleich zu verteidigen.

Natürlich sind solche Kombinationen von Drohungen, die bestimmte Antworten erzwingen, sehr selten möglich, am meisten zum Schluß der Partie. Aber man muß versuchen, so etwas zu erreichen, und sich erinnern, daß ein wirklicher Gewinn nur durch fernliegende Drohungen erreicht wird.

Auf andere Weise teilt man die Drohungen ein in wirkliche Drohungen — solche, die tatsächlich den Gegner mit einer Schwächung seiner Stellung oder dem Verlust einer Figur usw. bedrohen — und scheinbare Drohungen, die keine ernstliche Bedrohung bilden, sondern nur so scheinen. Im letzteren Falle sagt man richtig, die Drohung ist stärker als ihre Ausführung.

Es kann sonderbar scheinen, solche Drohungen auszuüben, wenn ihre Durchführung den Feind nicht stört; aber in Wahrheit ist das nicht der Fall. Solche Drohungen sind im Gegenteil sehr unangenehm, da sie den Gegner hindern und durch ihr beständiges in der Luft hängen die Stellung für ihn schwierig machen. Es geschieht, daß in der gegebenen Stellung die Drohung scheinbar ist; aber wenn sie vergessen würde, bekommt sie sofort volle Stärke und kann die Stellung zerstören. So sind nahezu alle Drohungen in der Eröffnung. Tatsächlich droht Weiß nach 1. e4, e5 mit dem Zug 2. Sf3, obgleich er den Be5 angreift, nicht, ihn zu nehmen, weil wir wissen, daß Schwarz den Be4 zurückgewinnen kann. Nach 2. ...., Sc6 3. Lb5 droht Weiß wiederum nicht, den Bauern zu gewinnen. Nehmen wir an, daß Schwarz diese Drohung vergißt und sich ruhig zu entwickeln beginnt: Sf6 4. 0—0, Le7 5. Sc3, 0—0. Weiß kann plötzlich die scheinbare Drohung vollenden und spielen 6. Lc6:, dc 7. Se5: mit Bauerngewinn.

Snosko-Borowski.

Rubinstein.
Diagramm 40.

Wir wollen ein anderes komplizierteres Beispiel nehmen (Diagramm 40). Zu dieser Stellung ist, wie jedermann weiß, die normale Entwicklung von Schwarz der Zug c5, der sehr drohend ist im Hinblick darauf, daß Weiß nach der Damenseite rochiert hat. Wenn Weiß auf diesen Zug dc spielt, kann Schwarz Sc5: antworten mit der Drohung, Ld3 mit Schach zu nehmen, damit alle Drohungen von Weiß im Zentrum abweisend und seine Hoffnungen auf einen Königsangriff zugrunde richtend. Wenn dagegen Schwarz nach 1. ...., c5 2. dc fortsetzt bc, würde Weiß 3. Se4:, fe 4. Le4: drohen und nach de 5. Db3† nebst Db7: eine Figur gewinnen. Um diese Drohung von Weiß scheinbar zu machen, muß Schwarz den König ziehen, so daß die feindliche Dame ihm nicht Schach geben und gleichzeitig den Läufer angreifen kann. Ferner bleibt diese Drohung so lange scheinbar, als Schwarz nach 1. ...., c5 2. dc mit dem Springer nehmen kann, was, wie wir sahen, nur so lange möglich ist, als er droht, Ld3 mit Schach zu nehmen.

In Anbetracht des Gesagten zieht Weiß zuerst den König weg (Kb1), die Drohung c5 vermeidend. Wenn Schwarz jetzt den Zug macht, könnte er den Bauern nicht mit dem Springer nehmen. Dies bedeutet, daß Schwarz zuallererst wie Weiß den König wegziehen muß, um nicht von dem Damenschach auf b3 mit Läufergewinn bedroht zu sein. Trotzdem spielte Schwarz, unachtsam auf den von Weiß gemachten Zug und die verborgene Drohung, denselben Zug c7—c5 und verlor eine Figur: 2. dc, bc (auf Sc5: folgt 3. Sd5:) 3. Se4:, fe 4. Le4:, de 5. Db3†, Kh8 6. Db7:, ef 7. Td7: usw.

Es vermied also Weiß durch seinen Vorbereitungszug die wirkliche Drohung des Gegners und machte sie scheinbar. Schwarz, der keinen Vorbereitungszug machte, verwandelte die scheinbare Drohung in eine wirkliche und schwächte seine eigene wirkliche Drohung.

Dies Beispiel zeigt uns einen Kampf von entgegengesetzten Drohungen.

Wir sehen nun, daß man scheinbare Drohungen nicht ignorieren darf. Aber, obgleich wir sehr achtsam auf solche Drohungen unseres Gegners sein müssen, dürfen wir doch nicht den Wert unserer eigenen scheinbaren Drohungen überschätzen. Spiele mit solchen scheinbaren Drohungen zeigen oft den falschen Typus des „Fallenspiels“, das unerfreulich ist, als mit den Gesetzen des Spieles nicht übereinstimmend.

In derselben Kategorie müssen wir jenes Spiel betrachten, wo ein Spieler seine Figur einstehen läßt und es unmöglich ist, sie zu nehmen. Z. B. kann in Stellungen, wie die eben gezeigte (Diagramm 40), Weiß ruhig auf h7—h6 seinen Läufer einstehen lassen, weil die offene Turmlinie ihn hundertfach für die geopferte Figur entschädigen würde. Aber oft kommt es vor, daß diese Figur, nachdem sie für mehrere Züge unbeschadet einstehen konnte, später doch gewonnen werden kann; dann verliert der Spieler, dessen Opfer drei Züge vorher richtig war, nun, nachdem sich die Stellung geändert hat, einfach eine Figur. Man muß in solchen Stellungen besonders vorsichtig sein.

Das Ziel der Drohungen ist, die feindliche Entwicklung zu hindern und langsamer zu gestalten. Wir wollen, abgesehen von einfachen Angriffen auf die Figuren und Schachgeboten, sehen, was es damit für Bewandtnis hat.

Da handelt es sich zuerst um das Vertreiben von feindlichen Figuren, die zur Sperrung in unser Lager gekommen sind und wichtige Felder besetzen oder andersartig drohend aufgestellt sind. Hier gibt es gewisse komplizierte entfernte Drohungen, solche Figuren zu gewinnen, zumal sie von ihren eigenen Streitkräften getrennt sind. Dann gibt es das Vorbeugen gegen die Besetzung wichtiger Felder durch den Gegner, indem man diese entweder mit den eigenen Steinen besetzt oder sie unter der Drohung der Besetzung hält. Ferner das Erschweren der feindlichen Züge durch „Fesselung" eines Steines, d. h. durch Angriff auf einen Stein, der nicht wegziehen kann, weil er dadurch einen anderen, stärkeren Stein dem Angriff aussetzen würde. Dieselbe Absicht wird erstrebt durch Drohungen gegen die Linien, auf denen die feindlichen Figuren ziehen, und besonders durch deren Sperrung durch einen Bauern oder eine der schwächeren Figuren.

Ein anderer Typus von Drohungen ist der Versuch, den Feind zum Postieren von Figuren auf nachteiligen Feldern zu zwingen, wo sie nur einen kleinen Teil ihrer Kraft entfalten können; und wichtiger noch, ihn zu zwingen, seine schwächeren Figuren durch seine stärkeren zu decken, wodurch ein Turm auf den Wert eines bloßen Bauern herabgemindert werden kann. Schließlich gibt es die Bildung schwacher Punkte im gegnerischen Spiel, die stets die Verteidigung durch mehrere Figuren erfordern.

Für sich selbst muß man beständig suchen, die stärksten Felder zu besetzen, die Figuren aufzustellen, wo sie ihre volle Kraft ausüben können und Bewegungsfreiheit haben, Linien zu öffnen, wenn dies Vorteil bringt, und schließlich die eigenen Figuren nicht fesseln zu lassen, selbst wenn die Fesselungsdrohung nur eine scheinbare ist.

Kapitel IV.

Allgemeine Bemerkungen über die Eröffnung.

Wir wissen, daß jedes Spiel in drei Teile zerfällt: Eröffnung, Mittelspiel und Endspiel.

Das Endspiel ist die Verwertung dessen, was im Mittelspiel erreicht wurde; wir werden uns jetzt nicht damit beschäftigen.

Das Mittelspiel ist das eigentliche Spiel, da hier das Schicksal des Kampfes entschieden wird, und der im Schachspiel enthaltene Ideenkreis beginnt, entwickelt sich und endigt hier.

Die Eröffnung dagegen ist die Vorbereitung, Mobilisierung und Entwicklung der Kraft zur Schlacht. Es ist an der Zeit, daß diese Mobilisierung besonders ins Auge gefaßt wird, da die Kräfte alle vorher bestimmt sind und weder vermindert noch vermehrt werden können; und die Mobilisierung verläuft oft gleichzeitig mit dem Kampf. So kann die Eröffnung beschrieben werden als ein Aufmarsch der Streitkräfte zum Kampf angesichts des Feindes.

Um zu wissen, wie man am besten eröffnet, muß man alle Eigenschaften und Kennzeichen des Mittelspiels sorgfältig würdigen. Die Eröffnung ist die Vorbereitung für dieses und man kann unmöglich eine gute Vorbereitung treffen, wenn man nicht weiß, für was man vorbereiten soll. Es ist desto seltsamer, daß bisher das Mittelspiel unbearbeitet geblieben ist. Die Eröffnung und das Endspiel haben sorgfältige Beachtung erfahren, dagegen das Mittelspiel, das am interessantesten und schwierigsten ist, nicht. Schachjünger haben verschiedene Varianten der Eröffnung und des Endspiels auswendig gelernt, sind aber im Mittelspiel ohne Hilfe gelassen worden.

Dies ist erklärlich durch die außerordentliche Schwierigkeit der Analyse des Mittelspiels. Vor allem gibt es keinen Punkt, von dem aus man mit der Analyse beginnen kann.

Die Eröffnung hat eine gegebene Anfangsstellung und das Endspiel führt uns zu einfachen Positionen, wo ein Matt möglich ist. Aber wie sollen wir das Mittelspiel abhandeln? Es gibt noch nicht einmal eine Klassifikation des Mittelspiels und wir müssen alles von vorn an beginnen.

Die Analyse der Eröffnung ist in verschiedenen Fällen sehr verschiedenartig und läßt sich ganz verschiedene Strecken weit durchführen. Mitunter führt sie bis zum Matt, mitunter endigt sie, wenn nur wenige Figuren übrig geblieben sind, und mitunter hört sie im Gegenteil auf, wenn die Hälfte davon noch nicht in Tätigkeit gebracht ist. Man kann aber vernünftigerweise festhalten, daß das Stadium der Eröffnung beendet ist, wo die Entwicklung erfüllt ist und wo, an Stelle der für beide Teile gleichen Anfangsstellung mit unentwickelten Figuren, die den Feind nicht angreifen oder einander unterstützen können, eine neue Stellung entsteht mit allen Figuren bereit zum Kampf, Angriff und gegenseitiger Hilfe.

Wir haben gesagt, daß die Eröffnung nur dann richtig gespielt werden kann, wenn man das Mittelspiel verstanden hat; aber schon auf Grund dessen, was wir bereits wissen, können wir einige Bemerkungen über die Eröffnung und die in ihr erstrebten Ziele machen.

Diagramm 41 zeigt die Anfangsstellung auf dem Schachbrett. Wir kennen jene einfachen Ausführungen, die in gewissen Eröffnungsbüchern gegeben werden, überlegend, welcher von den 20 möglichen ersten Zügen (16 mit den Bauern, 4 mit den Springern) gewählt werden soll, und fortfahrend mit widersprechenden Darlegungen; so z. B., daß der Zug e2—e4 gut ist, weil er Diagonalen für Läufer und Dame öffnet, daß die Dame nicht herausgebracht werden soll, daß demnächst Sg1—f3 gespielt werden soll (mit Versperrung der Damendiagonale), daß das Ziel von Sf3 die Drohung gegen einen schwarzen Bauern auf e5 ist, daß Schwarz diesen Bauern nicht zu decken braucht, usw., usw. Nach dem auf den vorhergehenden Seiten betreffs der Elemente des Spiels Gesagten brauchen wir uns nicht in Erklärungen solcher Art zu ergehen, noch haben wir es nötig, Spekulationen zu machen.

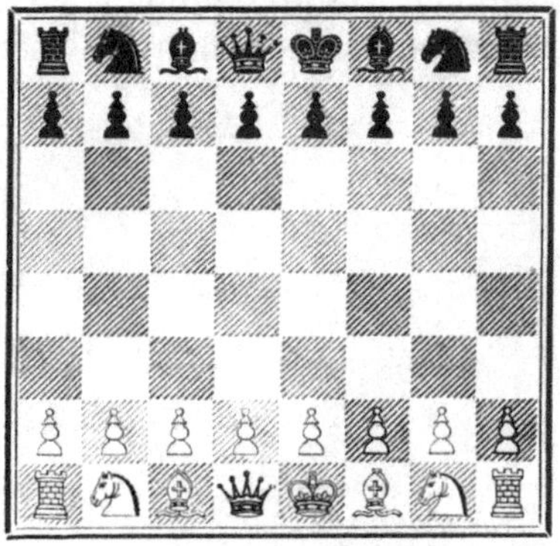

Diagramm 41.
Anfangsstellung der Steine.

Wir wissen, daß jede Partei versuchen muß, die stärksten Felder zu besetzen, die sich im Zentrum befinden, und den Gegner davon abzuhalten. Jeder muß versuchen, in der kürzesten Zeit alle Figuren auf die vorteilhaftesten Punkte herauszubringen. Der König muß vom Zentrum fortgenommen werden und die Bauern müssen mit Ausnahme der Zentrumsbauern auf ihren Plätzen zurückgehalten werden. Jeder Spieler muß direkt oder indirekt (mit unmittelbaren oder fernliegenden Drohungen) drohen, um den Gegner zu hindern. Es ist kein Geheimnis für uns, daß das Eröffnungsspiel sich im Zentrum entwickeln muß und, da das Zentrum des Bretts durch die Felder d4, e4, d5, e5 gebildet wird, das Ziel beider Parteien ist, beide Zentrumsbauern zwei Felder vorwärts zu bringen. (Es ist auch tunlich, abgesehen vom Zentrumsbauern, den c-Bauern vorzuschieben, aber nicht den f-Bauern, der die Rochadestellung entblößt.) Der Eröffnungskampf wütet daher um diese Punkte, um zu entscheiden, wer die Zentrumsfelder mit seinen Bauern besetzen wird. Wenn ein Spieler damit Erfolg hat, so bedeutet das nicht, daß der Nachgebende notwendigerweise in einer schlechten Stellung ist, vorausgesetzt, daß er einen gleichwertigen Ersatz erlangt; sein Spiel kann noch ganz gut sein. Darum wird die Spanische Partie für eine der besten und vernünftigsten Eröffnungen gehalten, weil sie den Kampf um die Zentrumsbauern länger als alle anderen aufrecht erhält, so daß dieser noch andauert, wenn die Eröffnung als beendet betrachtet werden kann. Sie kann erst dann so betrachtet werden, wenn der Gegner zwei Zentrumsbauern und die Springer und Läufer gezogen, rochiert und seinen Turm ins Zentrum gebracht hat.

So ist es nötig, obgleich die Eröffnung von der Anfangsstellung der Steine abhängig ist, von Anbeginn an ein Ziel im Auge zu haben, das man allgemein als eine Stellung, in der alle unsere Figuren rund um das starke Zentrum entwickelt sind, bezeichnen kann. Wenn wir eine unzweckmäßige Aufstellung der feindlichen Figuren hinzufügen, dann kommen wir zum Mittelspiel, dessen Verlust oder Gewinn von uns abhängt.

Teil II.

Das Mittelspiel.

Kapitel I.

Allgemeine Bemerkungen über das Mittelspiel.

Wir erwähnten schon, daß die Schwierigkeit des Studiums des Mittelspieles hauptsächlich in dem Mangel an typischen Stellungen und dem Fehlen einer Klassifizierung begründet ist. Aus dieser Schwierigkeit ergibt sich jedoch die Möglichkeit einer größeren Genauigkeit im Mittelspiel, weil sie uns die Auswahl der typischen Beispiele der verschiedenen Spielarten gewährt. Die daraus gewonnenen Regeln und Bemerkungen lassen sich für alle gleichartigen Stellungen mit einigen besonderen Unterschieden anwenden, die jeder Spieler durch seine Individualität in das Spiel bringt. Zahlreiche Beispiele werden in Teil III dieses Buches gegeben. Nun kommt die Frage der Klassifizierung: wie können wir die unerschöpfliche Menge der Spiele einteilen? In welche Gruppen, die gleichzeitig alle verschiedenen Spielmöglichkeiten im Auge behalten und hinlänglich charakteristisch sind, um als Typen betrachtet zu werden?

Wenn wir die Klassifikation nach äußerlichen Einteilungsgründen, wie z. B. nach dem Spiel auf einem der Flügel oder im Zentrum, dem Zusammenspiel verschiedener Figuren, nach Angriff und Verteidigung betrachten, erkennen wir bald das Unzulängliche dieser Methode.

Sehr oft sind in Wirklichkeit die Spiele auf derselben Seite einander ähnlich und bergen doch viele Verschiedenheiten, ja sogar scharfe Gegensätze in sich. Das Spiel mit verschiedenen Figuren bildet nicht das Wesen des Mittelspiels, sondern nur ein Vorstudium, weil ja das Spiel den Gebrauch aller Figuren mit sich bringt.

Zuletzt sind Angriff und Verteidigung nur einzelne Ereignisse, welche nicht alle Mannigfaltigkeiten des Schachspiels erschöpfen.

Wir müssen nach einem inneren System der Klassifizierung suchen, die meines Erachtens aus dem Folgenden am besten bewiesen wird, nämlich nach einer nicht rein äußerlichen Abschätzung der Stellung: sie soll Vorteil, Nachteil oder ausgeglichenes Spiel offenbaren, wonach aktives oder passives Verhalten einzurichten ist.

So teilen wir das Mittelspiel in drei große Gruppen:

1. Stellungen, in denen für eine Partei der Vorteil eines aktiven Spieles gegeben ist.
2. Stellungen, wo im Gegenteil infolge gewisser Schwächen ein passives Verhalten geboten ist.
3. Gleichwertige Stellungen ohne besonderen Charakter.

Die letzte Gruppe geht im allgemeinen den beiden ersten voran, da sie aber die schwierigste für beide Parteien ist und ihre genaue Analyse die Kenntnis von Stellungen scharf abgegrenzten Charakters bedingt, müssen wir diese nach den vorangehenden betrachten die in der Tat dieselbe Stellung von beiden Seiten aus gesehen darstellen. Das Studium beider Gruppen ist nötig, um zu lernen, wie wir unseren Vorteil erhalten und vergrößern oder unsere Schwächen mindern und den drohenden Verlust abwenden.

Wir nehmen den Vorteil, welcher sich aus einem aktiven Spiel ergibt, voran, weil das letztere ohne Vorteil dem Gegenangriff des Verteidigers ähnelt.

Jede Stellung muß von den Gesichtspunkten der drei Elemente Kraft, Zeit und Raum aus betrachtet werden (ausgenommen in der 3. Gruppe, die gleichwertige Stellungen behandelt); da aber in der Praxis alle in engem Zusammenhange stehen, müssen wir oft zwei von ihnen außer acht lassen, um unsere Aufmerksamkeit völlig auf das dritte zu richten. Auf diese Art prüfen wir alle möglichen Stellungen und sind in der Lage, einige allgemeine Schlüsse zu ziehen, um darnach besondere Fälle zu betrachten, die nach den drei Elementen gruppiert werden: 1. nach dem Raum — Spiel auf den Flügeln, im Zentrum, im eigenen oder in des Gegners Lager; das Spiel gegen die lange oder kurze Rochade usw., 2. nach der Zeit — schneller oder langsamer Angriff; passive Verteidigung oder mit Gegenangriff; Manöver; Begegnungskampf, 3. nach der Kraft — das Spiel mit verschiedenen Figuren und ihr Zusammenwirken. All dies bildet Gegenstand des Teiles III.

Bevor wir aber die Behandlung verschiedener Stellungen studieren, müssen wir eine allgemeine Betrachtung anstellen, wie der Spieler in einer vorliegenden Stellung vorzugehen hat. Womit soll er beginnen und worauf soll er zielen?

Die Aufgabe des Spielers ist dreifach: 1. den Wert einer Stellung zu ermitteln, ihre starken und schwachen Punkte abzuwägen, um ihren Charakter zu bestimmen, 2. als Ergebnis dieser Abschätzung einen Spielplan zu entwerfen und 3. den Plan zu verwirklichen.

Wir müssen uns jetzt mit diesen drei Punkten beschäftigen.

Abschätzung der Stellung.

Wir wissen bereits, daß die Abschätzung der Stellungen nach äußeren und formalen Gesichtspunkten vorgenommen werden muß und erst später, wenn diese sich als ungenügend erweist, eine tiefergehende Erforschung ihres Wesens geboten ist. Eine solche Abschätzung darf nie vernachlässigt werden, weil sie uns entweder mit Befriedigung und Ruhe oder andrerseits mit Beunruhigung erfüllt — letzteres ist von Nutzen, um drohendem Unheil zu begegnen. Diese Abschätzung vorzunehmen (die zu Gebote stehenden Figuren, Züge und Felder zu bewerten) ist leicht und das Ergebnis gewinnt in der Folge große Bedeutung.

F. J. Marshall.

P. S. Leonhardt.
Diagramm 42.

Nehmen wir irgendeine Stellung, wie sie in Diagramm 42 vorliegt, vor: beim Abzählen der Figuren finden wir bei Weiß einen Mehrbauern, d. h. er hat an Kraft gewonnen. Wir erkennen ferner leicht einen Raumgewinn für Weiß, weil seine Bauern auf d5 und f4 und seine Dame auf d4 steht, während Schwarz seine Figuren auf drei Reihen zusammengedrängt hat. Endlich läßt sich feststellen, daß Weiß in der erreichten Stellung acht wirksame Züge ausgeführt hat, Schwarz aber nur sieben. Weiß hat also auch in der Zeit einen Vorteil und so in allen drei Elementen gewonnen.

Selten jedoch vermag man das Spiel so klar zu übersehen. Die Elemente stehen oft im Gegensatz und Gewinn in einem ist mitunter durch Verlust in einem anderen verhindert.

Ein anderes Bild gibt uns die in Diagramm 43 wiedergegebene Stellung, wo beide Gegner die gleiche Zahl von Figuren besitzen. Was den Raum betrifft, hat Schwarz zweifellos dank seinen vorgerückten Be4 und Bf5 und dem Se5 gewonnen. Weiß hat nur einen Bauern auf der 4. Reihe, nämlich Bc4, alle seine anderen

Figuren sind auf die ersten drei Reihen zusammengeballt. Wenn wir die Züge zählen, sehen wir, daß Weiß 14 und Schwarz nur 11 getan hat. Weiß hat also drei Züge (Tempos) gewonnen. Darum müssen wir hier Gewinn und Verlust in den verschiedenen Elementen abwägen und kommen so zu einer Analyse vom Wert der Stellung. Die Beurteilung ist leicht in Fällen, wo alle Elemente harmonieren; stehen sie aber im Widerspruch, so können wir uns auf ein rein äußerliches Urteil nicht verlassen und damit nicht zufrieden sein. Man kann sogar Beispiele anführen, wo ein Gewinn selbst in allen drei Elementen keinen tatsächlichen Vorteil verbürgt. So ist die Stellung auf Diagramm 44.

R. Teichmann.

B. Vergani.

Diagramm 43.

J. Mc Connell.

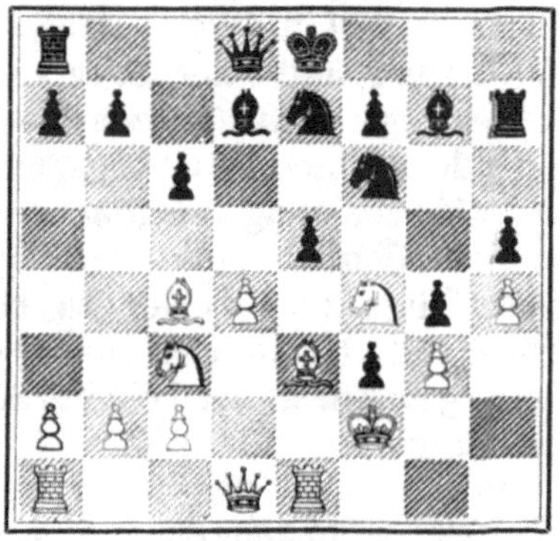

P. Morphy.

Diagramm 44.

Das Zählen der Figuren ergibt, daß Weiß 2 Bauern weniger hat und selbst, wenn er einen Bauern schlüge, mit einem im Rückstand bliebe. Schwarz hat auch größeren Spielraum dank den Bauern auf dem Königsflügel, wo einer sogar auf die 3. Reihe vorgestoßen ist. Dieser Vorteil würde durch Schlagen des schwarzen Be5 nicht ausgeglichen. Endlich hat Schwarz tatsächlich 14 Züge und Weiß nur 10 ausgeführt, d. h. ersterer hat vier Tempos gewonnen. Trotz dieses Vorteils in allen Elementen wurde Schwarz in wenigen Zügen geschlagen.

Daraus folgt, daß man sich selbst bei völliger Harmonie aller Elemente nicht zu sehr auf eine rein äußerliche Beurteilung der Stellung verlassen darf.

Worauf können wir nun eine tiefergehende Bewertung gründen? Es gibt einen merkwürdigen, unergründlichen Instinkt, „Positionsgefühl", wie ihn die Deutschen nennen; oder können wir bestimmte Schlüsse aus objektiven Tatsachen ableiten? Zweifellos spielt solch ein Instinkt eine große Rolle und seine Bedeutung wird sowohl in der Beurteilung der Stellung als in der Ausarbeitung und Verwirklichung des Planes offenbar.

Je schwieriger die Stellung, desto tiefer liegen die charakteristischen Merkmale, je weniger augenfällig Vor- und Nachteil sind, desto mehr wächst seine Bedeutung. Man kann sagen, daß dieser Instinkt Vorzüge ahnen läßt, noch ehe sie in Erscheinung treten. Ein schwächerer Spieler trägt ihnen nicht Rechnung und merkt sie erst später, wenn ihre Wirkungen drohend hereinbrechen. Deswegen hilft dieser Instinkt, die richtige Spielführung zu finden und ist dem Gegner gefährlicher, weil er die Eigentümlichkeiten der Stellung nicht durchschaut und die Drohung außer acht läßt. Indes spielen die wirklichen Tatsachen eine sehr große Rolle — kann doch das Schach als ein unpersönliches Spiel nicht zu einem Spiel von Zufälligkeiten herabgewürdigt werden. Da der Instinkt die versteckten Eigentümlichkeiten der Stellung nur ahnen läßt, darf man daraus keineswegs folgern, daß diese nicht bestehen. Sie wurden bisher nicht offenbar und wir müssen feinere und schmiegsamere Mittel anwenden als die bisher gewählten rein äußerlichen Kennzeichen.

Wir müssen zunächst all unsere Kenntnis von den Elementen des Schachs, ihren Veränderungen und gegenseitigen Abhängigkeiten in Betracht ziehen; dann werden wir alles in anderem Lichte sehen. Infolgedessen wird vielleicht manche scheinbare Gewinnstellung unbestreitbar als Verlust zu werten sein.

In Diagramm 43 sollte der schwarze Zeitgewinn keinen Zweifel an der Richtigkeit unserer Methode aufkommen lassen, da der Vorteil von Schwarz so groß und klar ist; wir werden aber sehen, welcher der beiden Spieler tatsächlich ein Übergewicht besitzt.

Vor allem hat Weiß zwei vorgerückte Bauern nur auf dem unwirksamen Damenflügel. Er hat h2—h3 gezogen, ohne dadurch sein Spiel zu entwickeln. Endlich hat er seinen Mittelbauern nur ein Feld vorgezogen, d. h. er hat dadurch einen Zug eingebüßt und es mißlang ihm, das Zentrum zu behaupten. So die Bauernstellung; bei den Figuren steht es nicht besser: der Springer brauchte 2 Züge, um sich auf einer der schwächsten Linien aufzustellen; der Damenläufer besetzte in 2 Zügen die Diagonale, die er schon in einem Zuge hätte gewinnen können und wirkt so nicht anders als ein Bauer, der den Qualitätsverlust verhindern soll. Auch die Dame zog einmal, nicht um tätig ins Spiel einzugreifen, sondern sie kam sogar geradezu in eine Pattstellung. So genügt oft eine einzige Minute, um die Stellung zu beurteilen. Das Ergebnis kann aber nicht als eine tiefer begründete Bewertung der Stellung angesprochen werden, weil wir trotz aller Sorgfalt doch nur nach äußerlichen Merkmalen urteilten. Wir können uns damit nicht begnügen, denn durch eine derartige Analyse erhalten wir nur eine allgemeine Kenntnis der Stellung und ihrer starken Punkte. Für das Spiel müssen wir aber eine genaue Einsicht in all ihre Eigenheiten, ihre Stärken und Schwächen nehmen. Genügt schon eine gefühlsmäßige Beurteilung der Stellung nicht, so ist es um so schlechter bei einer Abschätzung nach rein äußerlichen Gesichtspunkten. Der zweite Schritt in der Bewertung der Stellung muß mit großer Genauigkeit getan werden; darnach wird es leicht sein, zum Dritten und Entscheidenden vorzugehen, nämlich zu der charakteristischen und individuellen Abschätzung einer vorliegenden Stellung.

H. Süchting.

R. Charousek.
Diagramm 45.

Betrachten wir z. B. folgende Stellung (Diagramm 45). Eine äußerliche Analyse der Stellung zeigt uns Gleichheit an Kraft und im Raum (die Be5 und d4 entsprechen sich und der Lf4 ist unwichtig, weil er nur die Rolle eines Bauern spielt) und nur einen geringen Zeitgewinn des Weißen — gerade um einen Zug. Eine genauere Analyse indessen wird die Stellung ganz anders bewerten und einen größeren Vorteil für Weiß ergeben.

Zunächst sehen wir, daß Weiß alle Figuren im Treffen hat, während von Schwarz Ta8 und Lc8 nicht mitspielen. Der Lc8 kann allerdings leicht gezogen werden, nachdem Sd7 die Diagonale geräumt hat; wie aber der Turm zum Eingreifen kommen kann, ist nicht ersichtlich. Sollte er dazu kommen, so wäre seine Entwicklung nur auf die c-Linie möglich, die bereits vom Feind besetzt ist.

Die Stellung der anderen Figuren erweist sich als nachteilig für Schwarz. Der zweite Turm wird durch Be5 verstellt und hat darum zu wenig Bewegungsfreiheit. Der schwarze Lb6 deckt nur Bd4 und hat keine Wirkungslinie. Die Dame ist fast patt, weil ihre Diagonale bis h4 völlig vom Gegner beherrscht ist; die Diagonale nach a5 ist durch den eigenen Läufer verstellt; die d-Linie bietet ihr nur die Möglichkeit nach d5 zu gehen, von wo sie leicht durch Lc4 oder Le4 vertrieben werden kann, ohne ein anderes vorteilhaftes Wirkungsfeld zu finden. Von den Springern ist der eine auf c6 glänzend postiert; er hat volle Bewegungsfreiheit, deckt den eigenen Bd4 und greift den feindlichen auf e5 an. Der Nachteil besteht darin, daß der Gegner auf f3 einen in jeder Hinsicht gleich gut wirkenden

Springer hat, der e5 deckt und d4 angreift. Wir fügen hinzu, daß Sf3 auf dem Königsflügel als dem wichtigeren Kampfplatz eine bessere Stellung besitzt.

Sd7 hingegen steht wesentlich unvorteilhafter, denn er versperrt die Schlußlinien des Läufers und der Dame und ist aller Bewegungsfreiheit bar; am unangenehmsten wirkt, daß ihm der Zutritt nach f6 versagt ist. Er kann nur nach f8 und auf das schlechte Feld b8, mit dem Wegziehen aber hebt er den Druck auf Be5 auf.

Die weißen Figuren stehen aber durchweg glänzend. Beide Türme beherrschen lange offene Linien, der eine stützt den Be5, der auf ein überaus wichtiges Feld vorgerückt ist. Gute Felder haben die Springer inne. Sf3 besprachen wir bereits, Sb3 steht zwar auf schlechtem Felde, greift aber von hier einen starken feindlichen Freibauern an und verhindert die gegnerischen Figuren a5 und c5 zu besetzen. Und gerade diese wären für Schwarz von Bedeutung, einmal um den Ld3 zu vertreiben, zweitens, um Sd7 vorteilhafter zu entwickeln. Ausgezeichnet stehen die Läufer: der eine auf d3 ist im Besitz zweier langer Diagonalen, der andere auf f4 hat zwar durch den eigenen Be5 eine Diagonale verschlossen: er stützt den Bauern, hat aber dadurch keine Einbuße an Wirkungskraft auf die Diagonale b8, was in Erscheinung tritt, wenn man annimmt, der Gegner zöge Dc7. Die Dame spielt im Augenblick nur eine zuwartende Rolle, kann aber die 3. Reihe mit einem Angriff auf den feindlichen Bd4 besetzen und die beiden Diagonalen nach a4 und h5 ausnützen. Kein Feld dieser Diagonalen ist vom Gegner beherrscht, nur die eigenen Figuren schließen sie vorderhand ab.

Klarerweise besitzt Weiß den größeren Vorteil an Kraft und Zeit (zwei Figuren von Schwarz sind unentwickelt!). Wir stellen auch einen Vorteil im Raum fest, denn Weiß besetzt die wichtigsten Felder mit seinen Figuren oder bedroht sie. Ziehen wir die hohe Bedeutung des Zentrums in Betracht, das von der c- und f-Linie und der 3. und 6. Reihe begrenzt wird, hat Schwarz dort nur Sc6 und Bd4, während Weiß außer Sf3 und Be5 noch zwei Läufer aufgestellt hat. Ebenso augenfällig ist der Unterschied in der Anzahl der bedrohten Felder: Schwarz bedroht deren nur acht, während Weiß alles außer e5 und e6 bestreicht. Einige Felder stehen unter doppeltem Angriff und einige gegnerische Drohungen sind durch gleichwertige des Weißen ausgeglichen.

Am schwersten fällt die Abschätzung des Wertes der beiden Mittelbauern, die beide von gleichwertigen Kräften angegriffen und verteidigt werden können. Der schwarze Bauer bedeutet als Freibauer einen großen Vorteil, der weiße aber hat noch den feindlichen Bf7 zu überwinden; daß Bd4 isoliert ist, während Be5 durch f4 gestützt werden kann, spielt keine Rolle. Beider Stellung weist aber grundlegende Unterschiede auf. Bd4 bedroht c3 und e3, doch werden diese Felder durch weiße Bauern gedeckt und können daher nicht von feindlichen Offizieren besetzt werden: Be5 aber bedroht nicht bloß f6, sondern auch d6, wo sich eine weiße Figur unter der Deckung von e5 festsetzen kann, ohne daß sie ein feindlicher Bauer anzugreifen vermöchte. Während Be5 keine Aussicht auf einen Vorstoß wegen f7 hat, so bietet dem schwarzen Bauer Ld3 Einhalt. Ld3 hält einen Schlüsselpunkt der Stellung, seine beiden Diagonalen bleiben für ihn offen und die von ihm blockierte d-Linie hat für ihn keinen Wert.

Außerdem besteht noch ein Unterschied zwischen diesen Bauern. Der weiße befindet sich am Königsflügel, der schwarze am Damenflügel und in diesem Sinne ist der am wichtigeren Königsflügel stehende von größerem Wert. Das beweist einen unzweifelhaften Vorteil für Weiß. Wollten wir aus den früher angewandten Gesichtspunkten die Abschätzung herleiten, so kämen wir in Schwierigkeiten. Zwar sind die weißen Figuren glänzend entwickelt und besetzen oder bedrohen die wichtigsten Felder, aber was ist damit anzufangen? Wie müssen wir die vorliegende Stellung ausnützen? Die schwarzen Figuren in schlechter Stellung haben keinen Einfluß auf wichtige Felder. Was muß Schwarz beginnen?

Unsere Schwierigkeit entsteht dadurch, daß wir noch kein Wort von dem Charakter der Stellung sagten, und doch kann darauf allein die Spielführung gegründet werden. Wenn die vorausgegangene Analyse von den Vorteilen und der Aktivität eines Partners sprechen läßt, so kann der Plan nur nach dem Charakter der Stellung, seinen inneren Qualitäten und Eigenheiten und des Zusammenwirkens der Figuren entwickelt werden.

H. Süchting.

R. Charousek.

Diagramm 45.

Gleicherweise wird uns ein weiteres Studium der Stellung auf Diagramm 45 den Plan des Spieles und den Weg seiner Verwirklichung bezeichnen. Wir werden darauf später ausführlich zu sprechen kommen und vorläufig nur einen Überblick geben, jetzt aber alle Aufmerksamkeit auf die Bewertung und den Charakter der Stellung richten.

Der Charakter jeder Stellung läßt sich aus dem Unterschied der beiden Spiele erkennen: deswegen müssen wir nach Ermittlung der starken und schwachen Punkte beider Gegner die Merkmale beachten, die eine Stellung vor der anderen auszeichnen. Das gibt uns eine Vorstellung von den Angriffsmöglichkeiten und den einer Stellung innewohnenden Drohspielen.

Die Unterschiede zwischen den Stellungen der beiden Parteien auf dem vorliegenden Diagramm können leicht bezeichnet werden; vor allem die verschiedene Stellung der Mittelbauern; die Wirkungslosigkeit zweier schwarzer Figuren (Ta8 und Lc8) und die unglückliche Aufstellung der übrigen, endlich die Entblößung des Königsflügels von schwarzen Figuren. Wir haben von den Mittelbauern bereits gesprochen und erkannt, daß der schwarze ein Freibauer ist, während der weiße noch an f7 vorbei muß. Im Endspiel würde der schwarze sehr stark sein, augenblicklich aber sind beide isoliert. Kann einer von beiden erobert werden? Der schwarze Bauer wird von der gleichen Zahl Figuren angegriffen und verteidigt. Wenn ihn Weiß durch Abzug des Ld3 neuerdings angreift deckt ihn Schwarz nach Sd7—f8 mit der Dame; geschieht dann weiter Lc8—g4, so wird der den Bd4 angreifende Sf3 gefesselt und der angegriffene Bauer kann nochmals durch Sf8—e6 gedeckt werden.

Weiß ist hingegen mit dem gleichen Zeitaufwand in der Lage, durch Ld3—b5—c6: den Läufer gegen den Springer abzutauschen. Dadurch wird die Wirkungslosigkeit der beiden schwarzen Figuren und die ungünstige Stellung der übrigen erkenntlich. Während alle weißen Figuren angreifen, vermag Schwarz nicht genügend Figuren zur Verteidigung heranzubringen. Häufig möchten wir aus dem Vorhandensein großer Vorteile die Möglichkeit eines raschen, energischen Angriffes schließen.

Weiß kann zwar seinen Stellungsvorteil in materielles Übergewicht mit einem Bauern mehr umsetzen, läßt aber dem Gegner beide Läufer.

Kann Schwarz auf Eroberung des Be5 spielen? Zu diesem Zwecke muß eine andere Figur zum Angriff herangebracht oder die gegnerischen deckenden Figuren müssen abgedrängt werden.

Das erste kann nicht geschehen, der Be5 ist bereits durch zwei Springer und Te8 angegriffen, Lb6 kann die Deckung des Bd4 nicht aufgeben. So muß der zweite Weg gewählt werden.

Die feindlichen Offiziere durch Züge der Bauern des Königsflügels anzugreifen, ist unmöglich, denn dadurch würde die Stellung des schwarzen Königs unhaltbar und anderseits das Ziel gar nicht erreicht werden, denn Weiß würde mit h2—h3 dem schwarzen Angriff zuvorkommen. Zu diesem Zwecke muß Sf3 durch den unentwickelten Lc8 gefesselt werden. Das ergibt die Zugfolge Sd7—f8, Lc8—g4 und Sf8—g6 mit einem Angriff auf Be5. Gegen diese dreizügige Drohung vermag sich aber Weiß durch h3 genügend zu schützen. Eine Aussicht auf Gewinn des Be5 hat Schwarz nicht und muß daher an seine eigene Entwicklung denken und trachten, den Lc8 freizubekommen. Darum muß er Sd7—f8 spielen. Führt er die drei Züge (Sd7—f8, Entwicklung des Lc8 und Sf8—e6 oder Sf8—g6) aus, so verbessert er seine Stellung, weil dann alle seine Figuren im Spiel sind. Sein Bd4 wird dadurch geschützt, während er anderseits den weißen Be5 und die ihn deckenden Figuren angreifen kann.

Diesen geringen Vorteil an Zeit muß Weiß sehr schnell ausnützen, wenn er ihm nicht entgleiten soll. Dies beweist, daß selbst in so ausgezeichneter Stellung der vorgezeichnete Plan rasch verwirklicht werden muß.

Hat Weiß noch andere Möglichkeiten, die sich aus dem Charakter der vorliegenden Stellung ergeben? Zunächst die, auf d6 eine eigene, vom Gegner unangreifbare Figur aufzustellen. Auf diesen Unterschied des Wertes der Bauernstellungen d4 und e5 haben wir bereits hingewiesen. Welche Figur kann auf das fragliche Feld postiert werden? Selbstverständlich nur ein Springer. Da Sf3 den Be5 decken muß, bleibt dafür nur Sb3 zur Verfügung. Ziehen wir aber diesen Springer, so bedrohen wir den Gegner keineswegs, sondern gönnen ihm Zeit, sich zu schützen. Außerdem stellen wir durch einen Zug des Sb3 unseren Angriff auf Bd4 und die Bedrohung der Punkte a5 und c5 ein, eine Erleichterung, aus der der Gegner Nutzen ziehen kann. Wir brauchen nicht auf alle Einzelheiten eingehen, sondern nur zeigen, daß nach Sb3—d2 Schwarz durch Lb6—a5 den Springer verhindern kann, den Marsch nach d6 anzutreten. Der Springermarsch ist auch nach anderen schwarzen Gegenzügen, wie z. B. Sd7—f8 und Sd7—c5, unmöglich. Der Plan reicht also nicht aus, weil er zu wenig droht und dem Gegner eine reiche Auswahl an Verteidigungszügen läßt. Wir wissen auch, daß eine Verschlechterung der Stellung charakterisiert wird durch Zugsmangel, der sich sogar in Zugzwang wandeln kann. Besonders deutlich wird ferner die Wichtigkeit von Drohungen in der vorliegenden Stellung dargetan, wo Schwarz sogar ohne zwei Figuren kämpft. Nur durch diesen Umstand ist ein greifbarer Vorteil zu erlangen; ein Aufschub würde Schwarz ermöglichen, die unentwickelten Figuren ins Spiel zu bringen. Wir merken aber etwas anderes in dieser Stellung, nämlich die Entblößung der Königsseite von schwarzen Figuren, während Weiß den Lf4 und Sf3 auf diesen Flügel stehen hat. Ld3 zielt ebenfalls auf den feindlichen Königsflügel und Be5 spielt keine geringe Rolle dadurch, daß er das Feld f6 beherrscht — wieder der Unterschied zwischen der Stellung des Be5 am Königs- und des Bd4 am Damenflügel.

Wenn indes Weiß sofort handelt und diesen Flügel angreift, ehe Sf8 die Deckung übernommen hat, indem er Ld3 gegen Bh7 opfert, ist die gewonnene Bewegungsfreiheit unwirksam und bringt keinen Gewinn, z. B. 1. Ld3—h7+, Kg8—h7:; 2. Sf3—g5†, Kh7—g6 (gefährlich wäre Kg8 wegen 3. Dh5, Sf8; 4. Df7+ oder Sf7: usw.); 3. Dd1—d3†, f7—f5; 4. e5—f6: en pass.†, Kg6—f6:; 5. Sg5—h7†, Kf6—f7; 6. Dd3—c4† (falls 6. Sg5† Kf6), Kf7—g6; 7. Dc4—d3† usw.

Dieses Resultat wird durch die Tatsache erklärt, daß Schwarz, obgleich keine einzige Figur den Königsflügel schützt, doch eine gute Bauernstellung hat, während Weiß sich durch das Läuferopfer der wichtigsten Angriffsfigur beraubt und danach gezwungen ist, den Angriff nur mit Dame und Springer fortzusetzen. Der zweite Läufer äußert dabei geringe Wirkungskraft. Vermutlich sind also diese Kräfte ungenügend, um die feindliche Königsstellung zu zertrümmern.

Daraus ergibt sich die Frage: ist es möglich, diesen Flügel ohne Läuferopfer anzugreifen oder die Bauernstellung zu schwächen? Spielt Weiß beispielsweise Ld3—b1 nebst Dd1—d3, wird er keinen Erfolg haben, denn Schwarz spielt Sf8 und deckt alles. Ein Wartezug genügt somit in ähnlicher Stellung nicht und eine starke Drohung ist unerläßlich. Das ist eine neue Regel für Stellungen, wo wir Gewinn an Zeit haben.

Sind vorbereitende Züge oder das Läuferopfer unmöglich, so steht Weiß nur noch ein Zug zur Wahl, nämlich 1. Sf3—g5, um h7 direkt anzugreifen und ihn mit dem folgenden Zug Dh5 nebst nachfolgendem Schlagen von Bf7 neuerdings zu bedrohen. Schützt sich Schwarz durch Bauernzüge, z. B. durch h7—h6 oder g7—g6, so schwächt er seine Stellung und Weiß kann sie leicht aufreißen. Im ersten Falle würde Weiß einfach 2. Sg5—f7:, Kg8—f7:; 3. Ld3—c4†, Kf7—f8; 4. Dd1—f3, im andern Falle 2. e5—e6, f7—e6:; 3. Sg5—e6: spielen.

Geschieht der natürliche Zug 1. ..., Sd7—f8, so spielt Weiß 2. Dd1—h5, g7—g6; 3. Dh5—h6 mit den Drohungen Sg5—e4 und Se4—f6† oder Se4—d6. Auch Lf4—g5—f6 würde für Weiß in allen Fällen den Gewinn bedeuten.

Wir sagten aber oben, daß Sf3 nicht ziehen kann, weil in diesem Falle Be5 verloren sei. Kann nicht Schwarz diesen Bauern jetzt nehmen? Nimmt Weiß seinerseits Bh7, so schwächt er zwar dadurch die Rochadestellung des Gegners, der Gewinn des Turmbauern würde aber den Verlust des Mittelbauern nicht aufwiegen. Deswegen folgt

1. ...., Sd7—e5:. Weiß muß den Angriff fortsetzen: 2. Dd1—h5 mit der Drohung Dh7✝ oder noch energischer Lh7✝ nebst Le5: und Df7:. Schwarz ist gezwungen, h7—h6 zu spielen. 3. Ld3—h7†, Kg8—f8 (wenn Kg8—h8, dann 4. Sg5—f7✝, Se5—f7:; 5. Lh7—g6); 4. Lh7—e4. Schwarz bringt nun seinen Damenläufer heraus, jetzt aber zu spät: 4. ...., Lc8—g4; 5. Dh5—h4 und die weißen Drohungen sind zu stark. Im vorliegenden Spiel endigen sie mit einem Bauerngewinn für Weiß.

Wir haben nun den Stellungscharakter ermittelt und die Wege, die zur Eroberung eines Bauern führen. Der eine gründet sich auf die Schwäche des schwarzen Mittelbauern, die durch die unentwickelten Figuren bedingt ist, der andere auf die ungeschützte Königsstellung. Wir sahen aber, daß der Königsflügel selbst ohne Figuren dem Angriff widerstehen kann und Schwarz sogar zur Entwicklung seiner Figuren kommt. Die drei Königsflügelbauern vermögen dem konzentrischen Angriff dreier feindlicher Offiziere zu begegnen. Der Angriff führt zu dem Bauerngewinn, der aber auch durch direkten Angriff zu bewerkstelligen war, wie wir bereits früher nachwiesen.

Dieses Ergebnis war insofern von entscheidender Bedeutung, als es die Entwicklung der schwarzen Figuren erschwerte. Die erste weiße Kombination begann mit einer Fesselung feindlicher Figuren, die zweite, der Angriff auf den Königsfügel, mit der Befreiung feindlicher Offiziere. Wir wollen uns aber jetzt nicht in Einzelheiten verlieren, welcher von beiden Wegen zu wählen sei, denn wir haben uns augenblicklich nicht mit dem Plan und seiner Verwirklichung zu beschäftigen, sondern mit dem Wert der Stellung. Es scheint, daß die angeführten Beispiele deutlich die Durchführung einer solchen Bewertung zeigen, welche die Grundlage für den Spielplan bilden muß. Das angeführte Beispiel beweist ferner, wie unheilvoll zu schleppend oder zu hastig ausgeführte Kombinationen wirken. Das Spieltempo muß ganz von der Größe des erwachsenden Vorteils abhängig gemacht werden.

Wir müssen nun den Aufbau des Spielplans und seine Verwirklichung erörtern und dabei die tiefergehende Abschätzung der Stellung berücksichtigen.

Entwurf und Ausführung des Spielplanes.

Obgleich der Spielplan sich nicht auf einmal mit allen seinen besonderen Eigentümlichkeiten offenbart, sondern unbemerkt vom ersten Zug an wächst und sogar, nachdem er einen bestimmten Charakter angenommen hat, sich nur sehr allmählich im Laufe der Spielentwicklung herauskristallisiert, nimmt er doch in jedem Spiel feste Gestalt an. Wir könnten Stellungen beibringen, wo ein förmlich vorgeschriebener Spielplan mit mehr oder weniger Zielbewußtsein ausgeführt werden mußte.

In der Praxis pflegt jeder Spieler von Zeit zu Zeit eine allgemeine Abschätzung und Prüfung seines Spieles vorzunehmen. Auf diese Art und Weise kann er sich von dem zwingenden Einfluß der Züge, die unter dem Druck der Verhältnisse geschehen mußten, freimachen und all seine Aufmerksamkeit auf das beabsichtigte Ziel einstellen. Die allbekannte Tatsache, daß „ein Zuschauer mehr vom Spiel sieht“, geht nicht nur auf den Mangel an Erregung und die unparteiische Betrachtung, sondern auch auf seine Unbefangenheit zurück, die ihn eine vorliegende Stellung klarer in all ihren Möglichkeiten beobachten läßt.

Es würde aber ein Irrtum sein, anzunehmen, daß ein gefaßter Plan alle Eventualitäten voraussehen könne. Das Schachspiel birgt eine solche Tiefe in sich, daß keine Intelligenz sie völlig ergründet. Wichtig ist, die allgemeine Spielrichtung festzulegen und die hauptsächlichsten Gegenzüge in Rechnung zu setzen. Wenn ein Plan gefaßt und richtig ausgeführt wird, werden alle vom Gegner errichteten Hemmnisse überwunden, der Plan wird darunter nicht leiden, sondern sein Ziel erreichen.

Das ursprüngliche Ziel bis zu seinem Ende zu verfolgen, ist keine zwingende Notwendigkeit, denn es kann vorkommen, daß sich während des Spielverlaufes eine andere ebenso wichtige Aussicht eröffnet: man muß bei Schach als einem Kampf bisweilen auf ganz geringfügige Umstände achten, während man ein großes Ziel im Auge hat und stets auf der Hut sein, daß eine Gewinnstellung nicht in Verlust umschlägt.

Wie wir sahen, ist jeder Plan auf eine Abschätzung der Stellung gegründet, auf eine Bestimmung ihres Charakters, ihrer starken und schwachen Punkte. Diese Beurteilung ist die Hauptsache jedes Planes, weswegen sie außerordentlich sorgfältig vorzunehmen ist. Es muß aber nicht nur der Stellungscharakter ermittelt werden, sondern auch entschieden sein, welche Partei im Vorteil sei.

Wir wissen, daß beide Gegner Vorteile haben können, der eine in diesem, der andere in jenem Element. Wir müssen diese genau nach den vorher besprochenen Grundsätzen gegeneinander abwägen, weil der Charakter des Spieles davon abhängt. Nichts ist gefährlicher, als aktiv vorzugehen, wenn man die schlechtere Stellung hat, und nichts unschöner, als sich in besserer Position pasiv zu verhalten. Wenn wir erkannt haben, welcher Gegner im Vorteil ist, und den Stellungscharakter ermittelt haben, wissen wir auch die Spielführung, ob aktiv, passiv, im Angriff oder Verteidigung, mit Abtausch usw.

Nun wird auch das Ziel des Spieles klar und das Tempo, in dem es geführt werden muß.

Im vorhergehenden Kapitel betrachteten wir Stellungen, in denen Weiß aktiv vorgehen kann. Wir wollen nun ein Spiel ins Auge fassen, bei dem ein aktives Spiel unrätlich ist, obgleich für eine passive Verteidigung die Zeit noch nicht gekommen ist (Diagramm 46).

Beide Spieler haben gleiches Material. Weiß ist einen Zug im Vorteil (9 gegen 8 Züge des Schwarzen). Aber es wirkt merkwürdig, daß Schwarz trotz dreier Bauernzüge alle seine Figuren ins Spiel gebracht hat, während die weißen Figuren Ta1 und Lc1 noch auf ihrem Ausgangsfeld stehen. Wir müssen unsere Aufmerksamkeit darauf lenken, dies ergründen und über den Tempogewinn und den Vergleichswert beider Stellungen nachdenken.

J. R. Capablanca.

Dr. Em. Lasker.
Diagramm 46.

Zunächst wollen wir die rein äußerliche Analyse der Stellung abschließen.

Was den Raumgewinn betrifft, hat Schwarz zwei Bauern am Damenflügel vorgeschoben, Weiß verfügt über einen Mittelbauern auf der vierten Reihe, dem Schwarz nur einen auf der dritten entgegenzusetzen hat. Dieser Vorteil ist allerdings sehr gering, in der vorliegenden Stellung sogar überhaupt kein Vorteil; hätte Schwarz seinen Bauern auf e5, so könnte Weiß einen Springer auf d5 festsetzen (eventuell auch auf f5) und damit die feindliche Stellung ernstlich bedrohen. Wenn aber jetzt Schwarz Bb5—b4 zöge, würde der weiße Sc3 kein gutes Rückzugsfeld haben. Obschon der Springer auf einem der sonst besten Felder steht, scheint er hier schlecht gestellt.

Merkwürdig ist auch, daß Schwarz mehr Mittelfelder bedroht als Weiß, obgleich dieser den weiter vorgerückten Be4, eine Figur mehr im Zentrum stehen hat und die beiden Mittellinien beherrscht. Von schwarzen Figuren unbedroht sind nur vier Felder, dagegen von Weiß fünf.

Vermutlich bestehen einige Eigentümlichkeiten der Stellung, die unter keinen Umständen außer acht gelassen werden dürfen. Die schwarzen Figuren stehen ausgezeichnet auf den besten Feldern und gut untereinander verbunden. Beide Läufer beherrschen lange reie

Diagonalen und der eine bedroht den gegnerischen Mittelbauern. Der Springer besetzt eines der besten Felder und greift gleichfalls den feindlichen Zentrumsbauern an. Sollte e4—e5 geschehen, wird ihm ein günstiges Feld auf d5 eröffnet. Er steht somit besser als sein Gegenüber Sc3, der nur Be4 schützt und nichts bedroht; wird er angegriffen, so ist er gar um ein Rückzugsfeld verlegen.

Die schwarze Dame beherrscht eine gute offene Linie und genießt volle Wirkungsfreiheit auf ihrer langen Diagonale, während die weiße Be4 verteidigen muß und keine Linie bestreicht.

Die schwarzen Türme sind zwar noch außer Spiel, aber sie sind verbunden und nichts kann sie hindern, sich in den nächsten zwei Zügen der mittleren Linien zu bemächtigen. Weiß hat aber einen Turm durch den Läufer, versperrt und der andere steht ganz unnatürlich auf der dritten Reihe, obwohl er eine offene Linie beherrscht.

Besonders schlecht stehen folgende weiße Figuren: A. Der Läufer hat keine gute Entwicklungsmöglichkeit — auf e3 entzieht er Be4 dem Schutz der Dame und auf sein natürliches Feld g5 kann er nicht, weil Sf6—e4: folgen würde; 2. Sc3—e4: (2. Lg5—e7:, Se4—c3:), Lb7—e4:, 3. Lg5—e7:, Le4—d3: .... und B. beide Springer. Der eine auf c3 ermangelt eines Wirkungsbereiches und steht unter Drohung des schwarzen Bb5, der andere auf b3 hat ein schwaches Feld inne, von dem aus er nur auf sein früheres Standfeld f3 über d2 oder d4 zurückkehren kann.

Augenfällig war die Entwicklung dieses Springers ebenso unnötig wie das vorzeitige Vorgehen des Turmes auf d3, was Weiß nur rein äußerlich einen Zeitgewinn, in Wirklichkeit aber einen Zeitverlust gebracht hat.

Auch die Stellung des Be4 ist zu kennzeichnen: scheinbar stark weil er zweimal gedeckt ist, kann er doch zweimal angegriffen werden und würde nach Ausführung der schwarzen Drohung 1. ...., b5—b4 verloren sein. Kann er durch 1. f2—f3 gedeckt werden? Darauf würde b5—b4; 2. Sc3—d1, a6—a5 mit den Drohungen Lb7—a6 und a5—a4 folgen und Weiß wäre gänzlich eingeengt. Außerdem dürfen wir die offene Diagonale a7—g1 und das dem Springer zugängliche Feld f4 nicht vergessen.

So offenbart sich in diesem Bauern, der das wichtigste Unterscheidungsmerkmal der gegnerischen Fronten bildet, der Charakter unserer Diagrammstellung. Der Charakter der Stellung schreibt Weiß ein Verteidigungsspiel vor, denn der Vorteil ist auf Seite von Schwarz.

Dies äußert sich vor allem in der schwarzen Drohung b5 – b4, wodurch der weiße Mittelbauer gewonnen würde: nicht weniger wichtig ist die nachteilige Stellung der weißen Figuren, obgleich keine schwachen Punkte festzustellen sind.

So hat Weiß die beiden Aufgaben, den Be4 zu erhalten und seine Entwicklung zu betreiben, um die schlecht stehenden Figuren auf bessere Felder zu bringen. Verhält sich Weiß zu passiv, so kräftigt Schwarz seine Stellung immer mehr und setzt seine überlegene Entwicklung fort. Wir erkannten, wohin f2—f3 führt. Noch ungünstiger wäre 1. a2—a3, um b5—b4 zu verhindern, weil Weiß seinen Zentrumsbauern gegen einen schwarzen Flügelbauern abtauschen würde: Nach 1. ...., a6—a5; 2. Sc3—b5:, Dc7—b6 wäre zu beachten, daß Schwarz den schwachen Punkt c4 ohne Hindernis mit dem Springer besetzen kann. Diesen Tatsachen muß der weiße Plam Rechnung tragen. Er kann Be4 nur durch Vorrücken in Sicherheit bringen. Dadurch entzieht er sich dem Machtbereich zweier schwarze r Figuren und es ist nicht leicht, einen neuen Angriff gegen ihn zu richten. Durch das Vorrücken wird aber dem Lb7 die Diagonale nach g2 eröffnet und Schwarz kann sofort mit Dc6 einen Doppelangriff auf diesen Punkt beginnen. Strebt Weiß einen Schutz seines Be5 durch f2—f4 an, so öffnet er eine zweite Läuferdiagonale a7—g1 und ermöglicht Schwarz die Einleitung eines gefährlichen Königsangriffes, der schließlich durch f7—f6 und g7—g5 die weiße Bauernstellung zertrümmern würde.

So wird aus dem Problem, den Zentrumsbauern zu schützen, ein anderes, nämlich den Punkt g2 zu decken. Dazu benützen wir jene Figur, die augenblicklich wertlos auf ungünstigem Felde steht, nämlich Td3. Dies ist eine Hauptregel: eine schlecht stehende Figur zieht man lieber nicht weg oder zurück, wenn es irgend möglich ist, sie in einer anderen Kombination zu verwenden. So kann durch den Zug Td3—g3 der g-Bauer geschützt und ein Angriff gegen den feindlichen Springerbauern eingeleitet werden. Automatisch ist damit die Drohung verbunden, den Lc1 nach h6 zu entwickeln, oder auch nach Lg5 den Abtausch herbeizuführen. Wir erkennen darin die wechselseitige Abhängigkeit aller Züge im Schach: als Weiß seinen Turm nach d3 führte, hatte er wahrscheinlich dessen Marsch nach g3 im Auge.

Es folgt also auf

1.	e4—e5	Sf6—d5
2.	Td3—g3	....

Spielt Schwarz in Anbetracht der weißen Drohungen Lc1—h6 und De2—g4; 2. g7—g6 so verhindert er den Läuferzug mit Drohungen nach h6 oder g5 nicht, sondern gibt sogar dem weißen Springer ein glänzendes Feld, f6, frei. Indem Weiß 3. Lc1—h6 zieht, bringt er auch seinen unentwickelten Turm nach dem Rückzug des schwarzen Turmes mit der Folge 4. Sc3—d5: Lb7—d5:; 5. Ta1—c1 ins Spiel. Dann ist seine Entwicklung vollendet; das gleiche Ergebnis folgt, wenn Schwarz Tf8 wegzieht, um sich hinterher durch Le7—f8 zu decken.

So ist Schwarz seinerseits gezwungen,

2. .... Sd5—c3:

zu ziehen, um dadurch vor allem die Drohung gegen seinen g-Bauern zu verzögern; denn der Tg3 ist gezwungen, Sc3 zurückzunehmen.

3. Tg3—c3: ....

Außerdem kann jetzt die schwarze Dame die Diagonale a8—g2 besetzen und zwar in der Stellung vor dem Läufer auf b7, während im Falle des Nichtabtausches der Springer Weiß auf d5 schlüge. Lb7 müßte wieder nehmen und sich vor die Dame postieren.

Die angegriffene Dame ist gezwungen, die c-Linie zu verlassen und geht auf die offene d-Linie mit der Drohung, von d5 aus Be5 und Bg2 anzugreifen.

Nach dem Zuge

3. .... Dc7—d7

bleiben die schwarzen Drohungen und die weißen Absichten die gleichen. Der weiße e-Bauer ist der Gefahr entrückt, aber der Lc1 harrt noch der Entwicklung. Daraus ergibt sich der natürliche Zug

4. Tc3—g3 ....

mit den früheren sogar verstärkten Drohungen gegen Bg7, weil jetzt die Dame von g4 aus den Angriff unterstützen kann. Sie braucht nämlich den vorher von der feindlichen Dame angegriffenen Be5 nicht mehr decken. Schwarz kann g7—g6 nicht vermeiden; allerdings ist nach dem Abtausch des Springers, der nach f6 hätte gehen können, seine frühere Schwäche etwas behoben. Schwarz spielt zuerst

4. .... Tf8—d8

mit der Drohung Dd7—d1† und nach

5. Lc1—h6 g7—g6

Weiß hat seinen Willen durchgesetzt. Er hat seinen Läufer herausgebracht, den e-Bauern von dem auf ihm lastenden Druck befreit und den Gegner zu g7—g6 genötigt.

Seine Entwicklung ist aber nicht beendet, weil sein Ta1 noch nicht mitwirkt und Sb3 — das ist das Wichtigere — ungünstig steht. So ist seine nächste Aufgabe, diesen besser zu placieren.

Er hat die Wahl: vor allem kann er ihn nach d2 spielen, Schwarz aber hat davon den Nutzen, daß er in keiner Weise bedroht wird. Er erwidert 6. ...., Ta8—c8 (mit der Drohung Tc8—c2) und auf 7. Sd2—f3 (falls 7. Sd2—e4, Lb7—e4:; 8. De2—e4:, Dd7—d1† 9. De4—e1, Dd1—c2), Lb7—f3:; 8. Tg3—f3:, Dd7—d4 und konzentriert den Angriff aller seiner Figuren auf Be5, während Weiß seinen Läufer nicht zur Deckung heranziehen kann und diesen nach f2—f4 völig abschließen würde.

Wir müssen uns daher das vorher Gesagte von der Überführung schlecht stehender Figuren auf bessere Felder ins Gedächtnis zurückrufen. So ein Zug muß mit einer Drohung verbunden sein. Zunächst liegen die Drohungen — Sb3—c5 oder Sb3—d4 nahe. Für jeden der beiden Züge muß die Vorbereitung

6. Lh6—e3 ....

geschehen, wodurch der außer Spiel gebrachte Läufer zu erneuter Wirkung kommt.

Hat der Springer auf den genannten Feldern irgendwelche Bedeutung? Wir erkennen, daß der Springer auf c5 sehr gut stände, besonders jetzt, wo er den gefährlichen Lb7 und Ba6 angreift. Wird seine Stellung durch b2—b4 befestigt, so lähmt er das ganze gegnerische Spiel, besonders aber den schwarzen Läufer. Schlägt der letztere, so verbleiben ungleiche Läufer und das Spiel wird voranssichtlich unentschieden, wenn nicht sogar Weiß in Ausnützung seiner starken Bauernstellung im Zentrum gewinnt, indem er seinen Läufer nach d6 oder f6 spielt, von wo er nicht vertrieben werden kann.. Der Springer stünde auch auf d4 nicht schlecht, weil er nicht nur nach f3 zu ziehen, sondern auch über c2 — e3 — g4 nach f6 mit Schach zu gelangen droht.

In gleicher Weise ist Schwarz gezwungen, den Springer an der Besetzung eines dieser Felder zu hindern; er zieht

J. R. Capablanca.

Dr. Em. Lasker.
Diagramm 47.

6. .... Dd7—d5

gestattet aber dadurch

7. Sb3—a5 ....

Vorher war dies Weiß nicht möglich, weil die Erwiderung Lb7—d5 gekommen wäre. Jetzt kann der Läufer nicht ziehen und der auf b3 ungünstig placierte Springer wird gegen den starken Läufer des Gegners abgetauscht. Die Fortsetzung lautet:

7. .... Ta8—c8
8. Sa5—b7: Dd5—b7:

Schwarz aber hat auf jeden Fall die ungleichen Läufer vermieden.

In der vorliegenden Stellung, (Diagramm 47), acht Züge später als die vorhergehende, sehen wir nicht Weiß um einen Zug, sondern Schwarz mit zwei Zügen im Vorteil, eine Folge der schlechten Stellung des Sb3. Von g1 gelangte er in drei Zügen nach b3 und weitere zwei Züge waren notwendig, damit er gegen den Lb7 abgetauscht werden konnte, der selbst nur einmal gezogen hatte.

Der schwarze Vorteil ist unbestritten, aber Weiß hat seinen ebenfalls gewahrt. Alle Figuren sind entwickelt. Es muß nur noch der Tg3 weggezogen werden, weil er auf diesem Feld weder den g-Bauern zu schützen, noch den feindlichen Königsflügel anzugreifen Gelegenheit hat. Damit verlassen wir diese Stellung, denn unsere Absicht war zu zeigen, wie der Spielplan zu entwickeln war.

Zweifellos mußte Weiß vom Beginn der Analyse die sich ergebende Stellung vorausberechnen und erkennen, welcher Weg für ihn gefährlicher sei. Wir übersahen den Plan, die schlecht gestellten Figuren gegen die starken feindlichen Läufer und Springer abzutauschen.

Beim Analysieren der Stellung können wir einige allgemeine Beobachtungen in bezug auf die Konstruktion und Ausführung des Planes machen.

Wir haben gesehen, daß die Grundlage des Planes die Natur der Stellung bildet, die die Spielführung und ihren aktiven oder passiven Charakter bestimmt. Wir sahen auch, in welchem Tempo das eigene Spiel zu entwickeln ist. Das hängt von der Größe des Vorteiles und der feindlichen Aufstellung ab. Endlich kamen wir zur Erkenntnis, wogegen unsere Angriffsdrohungen zu richten sind; wie man die Drohungen des Gegners zurückweist und seinen Angriffen begegnet.

Das ist indessen noch nicht alles. Bei der Entwicklung des Planes müssen die Hauptangriffspunkte berechnet und entschieden werden, welche Figuren zum Angriff und welche zur Abwehr des Gegenangriffs verwendet werden sollen. Daher dürfen wir die feindlichen Kräfte nicht zum Gegenangriff kommen lassen, oder wir müssen sie durch wirksame oder fingierte Drohungen abwehren und wissen, wie wir uns ähnlichen feindlichen Drohungen gegenüber zu verhalten haben. Endlich haben wir unseren Plan vor dem Gegner zu verschleiern und diesen zu täuschen.

Alle Einzelheiten werden selten gleichzeitig im Spiel verwirklicht. Der vorgefaßte Plan entwickelt sich erst im Laufe des Spieles ins Detail. Vielleicht hilft aber doch eine Erklärung des schwierigsten Spielteiles, nämlich des Planaufbaues, Klarheit in die Sache zu bringen.

Den eigenen Plan dem Gegner zu verbergen, ist im Schach schwer, weil der Gegner im Spiel jeden Zug sieht und nichts vor seinen Augen geheim gehalten werden kann. Man erzählt von einem Spieler, der seinen Plan, den König zu ziehen, verschleiern wollte und daher einen unmöglichen Zug machte, was nach den Regeln zur Folge hatte, daß er den König ziehen mußte. Das Manöver gelang, der Gegner beachtete den erzwungenen Königszug nicht und verlor das Spiel. Solches geschieht, um den Plan vor dem Gegner geheim zu halten.

Es gibt jedoch Beispiele, wo im regelrechten Schach das gleiche Ergebnis erzielt werden kann. So in der folgenden Stellung (Diagramm 48):

1.	Td1—d3	Ta2—b2
2.	Lf2—g1	Da8—a1
3.	Lg1—f2	Tb2—b1

Weiß gestattet durch drei wertlose Züge dem Schwarzen, die für seinen Angriff am günstigen liegenden Felder mit Dame und Turm zu besetzen. Er hatte die Absicht, seinen Plan zu verbergen und verwirklicht diesen erst jetzt:

4.	Sd5—f6	Tb1—h1
5.	Df3—b7	Se6—g7
6.	Db7—f7	Th1—g1†
7.	Kg3—f3	Schwarz gab auf.

Oft müssen wir uns zufrieden geben, wenn der Plan nicht zu offen zutage liegt. Aber damit ist eine andere Schwierigkeit verbunden: je weniger die eigenen Züge drohen, desto leichter fällt dem Gegner die Verteidigung. Wird der von langer Hand vorbereitete Plan schrittweise durchgeführt, so läuft man Gefahr, ihn nie verwirklichen zu können; anderseits kann man durch einen Angriff mit unmittelbaren Drohungen versuchen, sein entferntes Ziel zu verschleiern.

Einige Worte sollen unsere Bemerkungen über den Spielplan verständlicher machen. Es wäre natürlich das beste, alle Kräfte in den Brennpunkt des Kampfes zu werfen, das wird aber selten möglich, weil die Figuren über das Brett verstreut sind und die Stärkung eines Punktes die Schwächung eines anderen zur Folge haben kann. Deshalb ist die Kombination von Angriff und Verteidigung nötig. Je größer der Vorteil, desto weniger braucht man auf die feindlichen Drohungen gegen minder wichtige Punkte achten; im gegenteiligen Falle muß ihnen mehr Rechnung getragen werden. Sind wir uns im klaren, wer im Vorteil ist, so handeln wir nach dieser Erkenntnis. Besteht ein Vorteil, so wird die größere Streitkraft im aktiven, die kleinere im passiven Spiel Verwendung finden. Im Interesse des aktiven Handelns darf nur die unbedingt notwendige Zahl von Verteidigungsfiguren zurückgehalten werden. Oft genügt dazu eine einzige Figur. Ein Spieler, der das nicht berücksichtigt nimmt manchmal zwei Figuren und sogar nicht immer jene, die der

Verteidigung am besten dienen. Natürlich hängt die Wahl der Abwehrkräfte nicht immer vom Willen des Spielers, sondern von den Verhältnissen ab.

Oft ist die Reihenfolge, in der die Figuren ins Spiel geworfen werden müssen, fraglich. Das ergibt sich aber in jedem besonderen Falle aus ihrer Stellung. Wir müssen beachten, daß die kurzschrittigen Figuren, z. B. die Springer, wenn sie zuerst herausgebracht werden, leicht vertrieben oder abgetauscht werden können, bevor der Plan zur Auswirkung kommt. Wenn aber die langschrittigen Figuren zuerst vorgeworfen werden, gibt das dem Gegner mehr Freiheit. Daher muß beides verbunden werden und der Plan muß stets vor

J. W. Showalter.

Dr. Em. Lasker.
Diagramm 48.

Dr. Tarrasch.

H. N. Pillsbury.
Diagramm 49.

Augen schweben. Drohungen werden nur dann wirksam, wenn es gelingt, die feindlichen Kräfte von dem bedrohten Punkt abzudrängen. Dies bestimmt die Reihenfolge, in der die Figuren ins Spiel gebracht werden müssen, und zeigt die Notwendigkeit der Ablenkung.

Später wollen wir die großen Leitlinien in einzelnen und die Vor- und Nachteile in allen Elementen betrachten.

Hier wollen wir unsere Aufmerksamkeit auf Diagramm 49 lenken, wo alle für die Bewertung einer Stellung in Betracht kommenden Fragen aufgerollt werden können.

Die Kräfte sind gleich, Weiß hat aber 13 Züge, Schwarz nur 12 ausgeführt. Weiß hat auch einen geringen Raumgewinn, denn er hält die Mitte mit Bd4, Bf4, Lg5 und Se5. Der Lb1 bestreicht die wichtigen Mittelfelder e4 und f5.

Die Wertung der Stellung im einzelnen zeigt, daß fast alle weißen Figuren gut stehen. Se5 besetzt nicht nur einen sehr wichtigen Punkt, sondern bedroht auch strategisch bedeutsame Felder. Sc3 steht zwar auf einem im allgemeinen günstigen Springerfeld, wird aber in seiner Wirkungskraft durch den schwarzen Bd5, der ihm das Feld e4 nimmt, beeinträchtigt. Außerdem drohen die feindlichen vorgerückten Damenflügelbauern, ihn zu vertreiben und ohne Tempoverlust vorwärts zu kommen. Lg5 hat wohl keine Diagonale, fesselt aber den schwarzen Sf6. Der zweite Läufer bestreicht die ganze Diagonale b1—h7. Am schlechtesten stehen die weißen Türme, ihnen stehen keine offenen Linien zur Verfügung, denn die c-Linie ist durch den feindlichen Bc4 und die e-Linie durch den rückständigen Be3 gesperrt. Das größte Übel an der Turmstellung ist, daß kein Weg zu finden ist, sie ins Spiel zu bringen. Die einzige Möglichkeit bildet das Aufrücken des g-Bauern, nachdem der König in die Ecke gegangen ist, ein umständliches Verfahren, weil die schwarzen Königsflügelbauern glänzend stehen; ihnen ist keine Schwäche anzumerken und die Öffnung der Linie für die Türme würde viel Zeit beanspruchen.

Die schwarze Stellung kann zwar nicht als schlecht bezeichnet werden, doch bietet sie weniger Handlungsfreiheit. Sf6 steht gut, trotz der augenblicklichen Fesselung und des Umstandes, daß er nur einen Zug nach e4 tun kann, wo er gegen den weißen untätigen Springer abgetauscht werden kann. Dadurch bekommt Weiß einen Freibauer auf d4 und anderseits wird für den schwarzen Turm die e-Linie versperrt, auf der er Be3 angreifen kann.

Die Rolle des Sf8 als Deckungsfigur ist klar. Er hat aber gute Züge nach e6 und g6 zur Wahl und schränkt die Wirksamkeit des Lb1 ein. Die schwarzen Läufer stehen ausgezeichnet: Lb7 ist zwar durch Bd5 blockiert, verteidigt aber diesen Bauern und bedroht das Feld e4, der andere deckt Sf6 und bestreicht eine offene Diagonale. Glänzende Stellungen halten die Türme; der eine beherrscht die offene e-Linie und bedroht Be3, während der andere die vorgerückten Damenflügelbauern stützt. Der greifbare Vorteil des schwarzen Spieles liegt in der Stellung der Bauern. Am Damenflügel bilden sie eine drohende Streitmacht und einer von ihnen kann als Freibauer gelten. Obgleich sie nicht gegen den feindlichen König zielen, bergen sie doch für diesen eine Gefahr in sich, weil er keine entsprechende Bauernmacht entgegenzustellen vermag. Anderseits kann der rückständige Be3 nicht vorrücken und bildet sogar das Angriffsziel des Schwarzen. Kommen die schwarzen Bauern des Damenflügels vor, so kann er gar noch das Opfer eines horizontalen Angriffes werden. Wägen wir die Stellungen gegeneinander, so kommen wir zu einem für beide Teile ähnlichen Ergebnis. Während Weiß seine leichten Streitkräfte freier und für den Angriff günstiger stehen hat als Schwarz, verfügt dieser über die bessere Stellung der Bauern und Türme. So ist der Charakter des Spieles für beide Teile klar bestimmt. Weiß greift den feindlichen König an, Schwarz aber treibt seine Bauern vor, trachtet einen in eine Dame zu verwandeln und den Be3 auf der 3. Reihe anzufallen.

Das Spieltempo ist durch die beiderseits gleichwertige, wohlverwahrte Stellung bedingt. Ein energischer Zugriff verbietet sich wegen des Fehlens schwacher Punkte. Beide Gegner müssen langsam entwickeln, ohne sich Blößen zu geben. Weiß hat eine Angriffsstellung nicht nur durch die Anordnung seiner Figuren, sondern wegen der Richtung seines Angriffes gegen den König. Nehmen wir an, Schwarz spiele 1. ...., Sf8—e6, so würde Weiß forciert gewinnen: 2. Lg5—f6:, Le7—f6:; 3. Lb1—h7+, Kg8—h7:; 4. Df3—h5†, Kh7—g8; 5. Dh5—f7+ nebst 6. Df7—b7:. Das beweist, wie sorgfältig Schwarz am Königsflügel vorgehen muß, obwohl er dort keine Schwäche aufweist und über die gleichen Kräfte zur Abwehr wie Weiß zum Angriff verfügt. Weiß muß darum eine neue Figur heranbringen, um die schwarze Verteidigung zu brechen. Aber welche? Diese Frage kann nur nach Abschätzung der schwarzen Drohung beantwortet werden.

Versucht Schwarz seinen Bauernvorstoß auf der Damenseite, so kann er günstigenfalls einen Bauern auf der 3. Reihe erlangen, der aber vereinzelt und ein Angriffsziel für Weiß bilden wird. Schwarz muß daher seinen Bauernvormarsch vorbereiten und mit Drohspiel verbinden. Wir erwähnten bereits den Horizontalangriff gegen Be3. Weitere Drohungen richten sich gegen die weißen Damenflügelbauern, die sie nicht ohne Gefahr vorrücken können, weil Schwarz zu einem Freibauern auf der 3. Reihe käme. Beim Abtausch bekäme Weiß einen isolierten Bauern auf der 3. Reihe, der vom Feind erobert werden kann.

Da durch die Verteidigung des Königsflügels so viele schwarze Figuren gebunden sind, können nur die Dame und die Türme den Bauernvorstoß unterstützen. Besondere Schwierigkeit bereitet die Heranziehung des Lb7, weil er Bd5 zu decken hat. Die Frage: „Welcher schwarze Bauernzug bedroht Weiß am wirksamsten?" sei zunächst unserer Betrachtung unterworfen.

Der stärkste Bauer ist Bc4; geht er vor, so wird er geschwächt oder abgetauscht und Schwarz verbleiben nur zwei Randbauern gegen den Ba2.

Auf b5—b4—b3 antwortet Weiß a2—a3, um einen feindlichen Freibauern zu vereiteln. Außerdem kann Schwarz diesen Bauern nur dann vorrücken, wenn er vom Turm gedeckt ist. Anderenfalls würde Weiß a2—b3: und auf c4—b3: die offene c-Linie für seinen Turm bekommen und Schwarz hätte allen Vorteil preisgegeben. Hingegen droht a6—a5 die Linie für den Turm zu öffnen und den Ba2 anzugreifen. Dadurch bekäme Schwarz einen weit vorgerückten Bauern. Diese schwarzen Drohungen sind aber, wie wir sehen, noch in weitem Felde und betreffen nur einen Angriff auf den Ba2. Deshalb kann Weiß alle seine Figuren von dem Damenflügel abziehen. Wenn aber der weiße Angriff auf den Königsflügel abgeschlagen wird, dann vermag Schwarz auf dem Damenflügel durchzubrechen.

Schwarz hat noch eine andere Drohung, die Weiß zu einem Entschluß drängt. Schwarz hat den Zug 1. ...., Sf6—e4 mit der Drohung, durch f7—f6 eine Figur zu gewinnen. Es könnte folgen: 2. Lg5—e7:, Te8—e7:; 3. Lb1—e4:, d5—e4:; 4. Sc3—e4:, Lb7—e4:; 5. Df3—e4:, f7—f6, wodurch Schwarz Se5 gewänne. 1. ...., Sf6—e4 droht nicht nur Lb1 unwirksam zu machen und Lg5 abzutauschen, sondern die zentrale Stellung des Springers gewährt Schwarz einen bedeutenden Vorteil an Raum, weil er Se5 durch f7—f6 vertreiben kann. Sein Springer kann aber nicht vertrieben werden und bildet den vorrückenden Bauern am Damenflügel eine wirksame Stütze.

1. ...., Sf6—e4 muß daher mit 2. Lb1—e4: beantwortet werden, denn Sc3 hat noch immer eine große Rolle zu spielen. Weiß muß also seine beiden Läufer abtauschen. Daraus folgt, daß er eine besondere Figur für den Angriff heranzuführen hat. Welche aber? Es bleibt nur der Sc3 übrig. Einen Turm in den Angriff zu werfen, ist nur nach g2—g4 möglich. Das ist aber wieder langwierig und gefährlich, weil die eigene Königsstellung zerrüttet wird, während die gegnerische ungeschwächt bleibt.

Der Zug des weißen Springers ist für Schwarz gefährlich und er muß sich dagegen schützen. Angenommen, Weiß ziehe Sc3—e2—g3, dann kann an dem Ernst der Drohung nicht gezweifelt werden: entweder Sg3—f5 mit der Folge Sf5—e7+ oder Lg5—f6: und Sg3—h5. Schwarz kann sich natürlich durch g7—g6 decken, aber er schwächt dadurch den Königsflügel und gibt Weiß gute Möglichkeit zu dem Angriff f4—f5. Dieser Drohung setzt Schwarz am besten Sf6—e4 entgegen, was einen Doppelabtausch zur Folge hat. Weiß muß sich klar sein, ob er diesen Abtausch zulassen darf und wozu er führt. So käme es nach:

1. Sc3—e2	Sf6—e4
2. Lg5—e7:	Te8—e7:
3. Lb1—e4:	d5—e4:
4. Df3—g3	....

zur folgenden Stellung (Diagramm 50).

Was hat Weiß gewonnen? Er hat Bc4 geschwächt, weil einer der deckenden Bauern abgezogen werden mußte. Nach dem Vorrücken des b-Bauern würde er völlig machtlos.

Weiß hat die Stellung seines Be3 wesentlich gestärkt, denn Be4 wersperrt die Schußlinie des schwarzen Turmes. Außerdem hat Weiß einen kräftigen Freibauern auf d4. Trotz des Abtausches der Läufer hat er einen starken Springer auf e5 postiert und sich dadurch den Angriff auf den gegnerischen Königsflügel leichter gemacht. Die Aufstellung des eigenen Königs auf h1 bringt keine Gefahr, denn der Lb7 kann wegen Be4 nichts ausrichten.

Dr. Tarrasch.

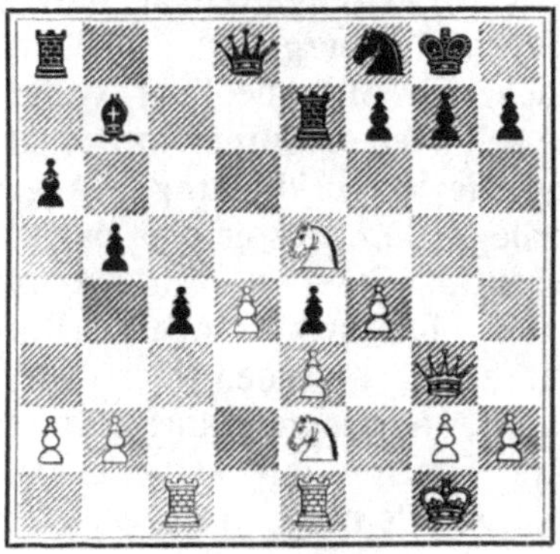

H. N. Pillsbury.

Diagramm 50.

Dieser Bauer kann aber Angriffsmarke für den weißen Angriff werden, weil er in Anbetracht der weißen Drohung g2—g4 keinesfalls durch f7—f5 gestützt werden kann und isoliert bleiben muß. Das Fehlen des Sf6 gestattet ferner die Drohung f4—f5—f6.

Was erhält Schwarz für den Abtausch?

Er vernichtet die beiden feindlichen Angriffsläufer und die Räumung des Feldes d5 erlaubt dem Lb7 von dort aus die eigenen Damenflügelbauern zu decken. So konnte Schwarz diese schwierigste Aufgabe infolge des Abtausches lösen.

Wieder sehen wir verschiedene Möglichkeiten für beide Gegner auf jedem Flügel. Offensichtlich hat Schwarz die besseren Aussichten für das Endspiel infolge seiner Damenflügelbauern, welche Möglichkeiten eröffnen sich aber für Weiß? Wir erwähnten bereits f4—f5 mit der Drohung f5—f6 und einem Angriff auf Be4, den Weiß mit der Dame, dem Turm und zwei Springern durchführen kann; Schwarz kann indes mit der Dame, zwei Türmen und dem Läufer genügend decken. Hat Schwarz genug Zeit dazu? Weiß braucht zur Ausführung seiner Drohung 7 Züge, nämlich f4—f5, Dg3—h4, Te1—f1, Tf1—f4, Se5-g4, Sg4—f2, Se2—g3 oder Se2—c3. Schwarz benötigt zur Verteidigung 5 Züge: f7—f6, Lb7—d5, Dd8—d7, Dd7—c6, Ta8—e8, hat also genug Zeit. Sonst könnte er den Doppelabtausch nicht wagen.

Weiß droht jedoch mit diesem Manöver mehr, z. B. nach f4—f5, f5—f6, worauf Schwarz f7—f6 erwidert. Weiß zieht Se5—g4 und droht Sg4—f6+ oder Sg4—h6†, weswegen Schwarz Kg8—h8 spielen muß. Nach f4—f5 droht Weiß seinen Springer durch das Manöver Se2—f4 nach e6 zu bringen. Der Bf5 nimmt außerdem dem Sf8 die Bewegungsfreiheit. Obwohl der Bf5 ungedeckt ist, bleibt ein Angriff auf ihn durch g7—g6 überaus schwierig.

So sind Vor- und Nachteile verwoben. Darin liegt die Eigentümlichkeit und der Reiz guten Spieles für beide Teile. Kein Vorteil wird ohne Opfer erreicht und es kostet viel Zeit, ehe ein Gegner einen zum Gewinn ausreichenden Vorteil erlangt hat.

Eine Frage: Welchen Vorteil bietet ein Angriff, von dem zu sagen ist, das ihn der Feind abwehren kann?

Wenn wir keine Drohungen anwenden, so erhält der Feind volle Bewegungsfreiheit und kann von seiner Seite aus zu einem Drohspiel übergehen. Die Drohungen sollen die feindliche Streitmacht zur Aufgabe ihrer vollen Handlungsfreiheit zwingen, während die eigenen Figuren ihre Plätze verbessern, das Spiel erleichtern und die Verwirklichung des gefaßten Planes ermöglichen sollen. (Im vorliegenden Beispiel ist der Plan, den g-Bauern zu ziehen, um den Turm ins Spiel zu bringen und durch diese Hilfskraft dem Angriff neuen Fluß beizubringen.) Durch diese Aktion soll der gegnerische Plan zerstört werden (hier das Vorrücken der Bauern auf dem Damenflügel); der Gegner aber hat sein Augenmerk darauf zu richten, daß seine Figuren auf keine schlechten Posten zurückgedrängt werden, er muß vielmehr trachten, seinen Plan durchzusetzen und den des Gegners wirksam zu unterbinden.

In welcher Reihenfolge soll Schwarz die Zwangszüge tun? Natürlich muß er jene Züge vorwegnehmen, die ihn selbst befreien, den Feind aber bedrohen. Angenommen es geschehe:

4. .... f7—f6
5. Se5—g4 Kg8—h8
6. f4—f5 ....

droht Se2—f4,

6. Dd8—d7

greift f5 an;

7. Te1—f1 Ta8—d8

Schwarz hat mehrere Züge in Reserve, nützt diesen Vorteil aber nicht besonnen genug aus und verliert dabei Zeit.

8. Tf1—f4 Dd7—d6
9. Dg3—h4 Td8—e8
10. Se2—c3 Lb7—d5
11. Sg4—f2 Dd6—c6

So geschieht beiderseits eine Reihe von Zwangszügen, um eine neue Gruppierung der Streitkräfte herbeizuführen (Diagramm 51).

Bei Beurteilung der so erreichten Stellung ersehen wir, daß alle schwarzen Figuren zur Verteidigung genötigt sind, während Weiß Be4 angreift und gegen f6 nach g2—g4—g5 vorzustürmen droht. Eine neue Figur in den Angriff zu werfen, ist Weiß allerdings nicht gelungen, denn sein Tc1 und Sc3 stehen noch immer abseits, ohne daß ein Weg ersichtlich wäre, wie sie ins Treffen kommen sollten. Mit Erstaunen erkennt man, daß Schwarz 18 Züge, Weiß aber 12 Züge gemacht hat. Schwarz hat also 6 Tempos gewonnen. Größerer Raumgewinn ist dem Schwarzen wegen seiner vorgerückten Damenbauern zuzusprechen. Daß die schwarzen Figuren eine vorbildliche Stellung, aus der heraus die vorgehenden Damenbauern gut unterstützt werden können, erreicht haben, darf nicht unerwähnt bleiben. Unverkennbar stehen Dh4 und Tf4 außerhalb des Spieles und können ihre Wirkungskraft nur entfalten, wenn Weiß einen Durchbruch am Königsflügel auszuführen vermag. Daraus folgt, daß die schwarze Stellung ersichtlich besser ist als die weiße.

Dr. Tarrasch.

H. N. Pillsbury.
Diagramm 51.

Wie kommt es, daß nach elf guten und korrekten Zügen beiderseits das weiße Spiel so verschlechtert wurde, obwohl es schien, daß es bessere Möglichkeiten hatte.

Offenbar lag der Unterschied in den Stellungen. Weiß war nach der Sachlage zum angriffsweisen Spiel gezwungen, während die schwarzen Chancen versteckt lagen. Die weißen Drohungen waren zu wenig zwingend und konnten Schwarz an der guten Postierung seines Materials und der glücklichen Verbindung von Verteidigung und Gegenangriff (Vorrücken der Bauern) nicht hindern. Aber noch steht Schwarz bei der bloßen Drohung. Betrachten wir die Drohung genauer: Weiß ist vorbereitet, auf dem Königsflügel durchzubrechen und erlangt zweifellos einen Vorteil, wenn es ihm gelingt, vom Damenflügel noch eine Figur zur Verstärkung heranzuziehen. Der schwarze Läufer wird jetzt zur Verteidigung gebraucht, zu einem Angriff der schwarzen Damenbauern ist die Unterstützung durch andere Figuren unerläßlich.

Wir erörtern alle diese Beispiele ausführlich, weil sie als typisch anzusehen sind. Es ist unmöglich, bessere dafür zu finden. Angenommen, daß Weiß acht Züge vorher, nicht nur die kommende Stellung voraussah — gewiß war das der Fall —, sondern sie auch in Hinblick auf die hier gezeigten, ganz unbestreitbaren Tatsachen beurteilte, würde er vielleicht versucht haben, das Spiel in andere Bahnen zu lenken. Das zeigt uns den Nutzen einer Prüfung der Stellung während des Spieles. Steht der Plan fest, so entwickelt er sich streng logisch und mechanisch.

Jedenfalls liegt jetzt die Initiative bei Schwarz (Diagramm 51). Was geschieht, wenn Weiß mit

12. Tc1—f1

mechanisch seine Pläne fortsetzt?

Die Springerstellung Sc3 erklärt den Zug

12. .... b5—b4

aber nach dem Rückzug

13. Sc3—e2 ....

verliert Schwarz seinen Vorteil, wenn er seine Bauern weiter vorzutreiben gedenkt, z. B. c4—c3; 14. b2—c3: (mit 14. b2—b3 würde Weiß die später angeführte Hauptvariante erreichen), b4—c3: ; 15. Sf2—d1, c3—c2; 16. Sd1—c3, Ld5—c4 (gegen die Drohung 17. Tf1—c1—c2:); 17. d4—d5, Lc4—d5:; 18. Tf1—c1 mit dem Gewinn des Bc2. So ist der starke schwarze c-Bauer gegen den noch wirkungslosen Bd4 abgetauscht worden. Sowohl Weiß als auch Schwarz müssen jeder noch eine Figur auf die beabsichtigte Angriffsseite bringen, doch ist Schwarz insofern im Nachteil, als alle seine Figuren den Königsflügel schützen müssen. Durch den Rückzug des Sc3 wird der Angriff auf Be4 aufgehoben; er könnte freilich durch Se2—g3 wieder erneuert werden. Das beweist, daß eine Verteidigungsfigur anderwärts verfügbar ist. Sie kann aber nur weggehen, wenn mit ihrem Zug eine Drohung verbunden ist.

Eine solche Figur ist aber auch die schwarze Dame, denn sie kann nach a4 gehen, greift dort nicht nur Ba2 an, sondern droht nach c2 und d3 einzudringen und Be3 zu bedrängen. Die weiße Entgegnung Se2—c1 würde Ba2 decken, den weiteren Drohungen aber nicht begegnen. Weiß muß daher eine andere Verteidigung erfinden. Also

13. .... Dc6—a4

Dies ist ein glänzendes Beispiel der Kombination von Verteidigung und Angriff. Durch den Wegzug der Dame von c6 hebt sie nicht nur die Verteidigung von Be4 auf, sondern auch von f6. Weiß vermag daher diesen Bauern anzugreifen. Da sein Angriff auf dem Königsflügel stets eine weit größere Bedeutung hat als der schwarze auf dem Damenflügel, darf Schwarz diesen Angriff nicht unterschätzen.

Weiß spielt

14. Sf2—g4 ....

mit der Drohung 15. Sg4—f6:, g7—f6:; 16. Dh4—f6+, Te7—g7; 17. Tf4—g4, Da4—d7; 18. Se2—f4 und Gewinn. Daraus geht hervor, daß Schwarz den Bf6 decken muß, um nicht zum Rückzug der Dame gezwungen zu sein. Daher muß geschehen:

14. .... Sf8—d7

Die Folgen des schwarzen Angriffsversuches äußern sich darin, daß Schwarz Verteidigungszüge tun muß, die seine Stellung nicht stärken. Der starke Sf8 muß sein gutes Standfeld aufgeben, um den Bf6 zu schützen. Dies zeigt die Gefahr des doppelseitigen Angriffes und der Verbindung von Verteidigung und Angriff.

Der 14. weiße Zug hatte aber auch einen anderen Zweck, nämlich die f-Reihe für die Türme zu räumen.

15. Tf4—f2 ....

Kann die Dame Ba2 schlagen oder nicht? Nein, denn darauf würde Se2—f4 nebst Sf4—g6† und Läufergewinn folgen. Schwarz könnte zwar Ld5—f7 antworten, doch auch darauf folgte Sf4—g6†, Lf7—g6:, f5—g6:, h7—h6, Sg4—h6: oder Tf2—f6: und unschwieriger Gewinn. Schwarz hat genügend Figuren zur Deckung auf dem Königsflügel. Nimmt er eine davon fort, so gewährt er dem Gegner einen Vorteil und die Möglichkeit glänzender, das Spiel entscheidender Opfer. So ist Schwarz vor Da4—a2: zu einem Verteidigungszug gezwungen, der hauptsächlich die Drohung Se2—f4—g6† bekämpft, z. B.

15. .... Kh8—g8

Danach enthält Sf2—g4 keine wirkliche Drohung und Weiß ist gezwungen, an den Schutz seines Damenflügels zu denken, da weder a2—a3 noch b2—b3 genügen und Tf1—a1 den Turm für immer blockieren würde. So bleibt nur

16. Se2—c1 ....

Diese einzige Figur deckt also den Damenflügel, während alle anderen für den Königsangriff verwendet werden. Bei Schwarz ist es umgekehrt: alle Figuren außer der den feindlichen Damenflügel angreifenden Dame haben den eigenen Königsflügel zu decken, was den Ernst des weißen Angriffes beweist.

Die einzige Figur, die Weiß zum Angriff heranführen konnte, der Springer, ist jetzt unwirksam gemacht. Die einzige Aussicht, den Turm ins Spiel zu werfen, bietet der Aufzug des g-Bauern.

Das Spiel nähert sich dem Ende, die Möglichkeiten sind begrenzt, die Drohungen mit dem Springer verpufft und nur die Hauptangriffsrichtung bleibt bestehen. Besonders müssen wir das letzte weiße Manöver, durch welches die Damenseite geschützt wird, und die vorbildliche Anordnung der Züge beachten. Vor allem wird der angegriffene Springer zurückgezogen. Der andere Springer greift an, um sein Feld dem Turm zu räumen, der dadurch sein eigenes Standfeld für den Springer zu einem Drohspiel frei macht, endlich geht der Springer nicht auf dieses, sondern ein anderes schützendes Feld: so bleibt die Verteidigung verborgen.

Schwarz setzt natürlich seinen Angriff fort:

16. .... c4—c3
17. b2—b3 Da4—c6

Warum dahin? Weiß droht mit Dh4—g3, Sg4—h6†, Dg3—d6 ins schwarze Spiel einzudringen.

Vergleichen wir die erreichte Stellung (Diagramm 52) mit der vorhergehenden, so finden wir, daß die Zahl der effektiven schwarzen Züge gleich geblieben ist (18), während Weiß bei 16 angelangt ist. Bedeutet dies eine Verschlechterung der schwarzen Stellung? Nicht in jeder Beziehung. Sein Zeitvorteil hat sich in einen Raumgewinn gewandelt, indem seine Bauern vorgerückt sind. Weiß hat keinen Raumgewinn entgegenzusetzen. Schwarz kann aber trotzdem nicht weiter und muß, um die Entwicklung seines Angriffes fortzusetzen, eine Reihe für den Turm öffnen, weil nur dieser den Angriff einleiten kann. Natürlich kommt dafür bloß die a-Reihe in Betracht. Weiß ist zu g2—g4, Schwarz aber zu a6—a5—a4 gezwungen um die a-Reihe zu öffnen, mit dem Turm zu besetzen und den Bb3 anzugreifen. Da Weiß keine Deckung dafür heranbringen kann, droht Schwarz zwei Freibauern zu bekommen.

Dr. Tarrasch.

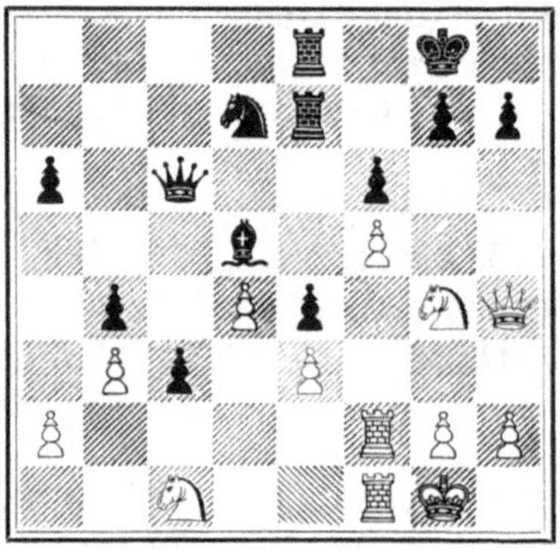

H. N. Pillsbury.
Diagramm 52.

Der dazu nötige Zeitverbrauch ist zu berechnen: zwei Bauernzüge, der Abtausch ist nicht zu rechnen, weil Weiß ebenfalls einen Zug dazu verwenden muß, zwei Züge mit dem Turm, so daß Schwarz mit dem 5. Zuge einen Bauern gewinnen kann.

Natürlich kann Weiß diesen Bauern in fünf Zügen mit der Dame decken, aber er ist dann nicht imstande, einen Königsangriff zu machen, während Schwarz weitere Figuren zu seinem Angriff heranführen kann, etwa den zweiten Turm und den Springer, sowie die Postierung der Dame hinter dem Läufer nicht auf der Diagonale c6—f3, sondern auf der Schrägen f7—b3, um den weißen Bauern anzugreifen. Weiß muß darum seinen Angriff fortsetzen, was nur durch das Aufziehen des g-Bauern möglich ist. Wieviel Züge braucht er dazu? Zwei, um den Sg4 zurückzuziehen und zwei zu g2—g4—g5. Sein 4. Zug droht den Abtausch des feindlichen Bf6. Weiß kommt also mit seiner Drohung einen Zug früher. Um zu entscheiden, welcher Gegner zum Beginn dieser Kombinationen gerechtfertigt ist, müssen wir die Natur der Drohungen in Betracht ziehen. Beide

Partner waren auf diese Wege gezwungen, weil jeder stille Zug dem Gegner Chancen böte. Es folgt:

18.	h2—h3	a6—a5
19.	Sg4—h2	a5—a4
20.	g2—g4	....

Weiß kann natürlich nicht b3—a4: spielen, weil Schwarz ohne Schwierigkeit durch Dc6—a4: den Ba2 gewinnen und c3—c2 oder Te8—a8 mit der Folge Ta8—a4: und c3—c2 spielen könnte.

Schwarz muß sich entscheiden, ob er weiter vorrücken will. Er spielt

20.	...,	a4—b3:
21.	a2—b3:	Te8—a8

Wenn er aber vorzieht, den Königsflügel zu sichern, braucht er keine Bauern abtauschen, weil Weiß mit Tf2—a2 die offene Reihe besetzt.

Will sich Schwarz decken, so darf er den Zug g4—g5 nicht zulassen. Er hat zu h7—h6 Zeit, weil Weiß zu 21. Dh4—g3 gezwungen ist, um h3—h4 zu drohen. Schwarz kann antworten: Sd7—f8; 22. h3—h4, Sf8—h7. Nun deckt dieser Springer nicht nur Bf6, sondern auch das Feld g5. Spielt Weiß 23. g4—g5, so folgt h6—g5: und auf 24. Sh2—g4, g5—h4:; 25. Dg3—h4:, Sh7—g5 mit der Drohung Sg5—f3†. Auf 26. Tf2—h2 kann Schwarz Kg8—f8 erwidern, wodurch Ld5 die Deckung des Punktes g8 übernimmt. So gelingt es selbst durch Bauernopfer nicht, den weißen Turm ins Spiel zu bringen, und wenn dies schon möglich wird, so nur auf der h-Linie ohne eine wirksame Drohung.

Dies Ergebnis ist verständlich, weil alle schwarzen Figuren den noch ungeschwächten Königsflügel decken. Aber kann Schwarz seinen Angriff ohne Unterbrechung fortsetzen? Seine Stellung würde selbstverständlich sehr bedroht. Wir nehmen an, daß er die Fortsetzung 20. ...., a4—b3:; 21. a2—b3:, Te8—a8 mit dem Bauernabtausch gewählt habe (Diagramm 53). Weiß kann seinen Bauern vorgehen lassen:

22.	g4—g5	....

Betrachten wir die Drohungen. Tauscht Schwarz die Bauern, so antwortet Weiß 23. Dh4—g5: mit der Absicht f5—f6 zu spielen. Schwarz erwidert Dc6—f6, worauf Weiß 24. Dg5—g2 entgegnet. Er droht damit Sh2—g4 und gegen f5—f6 und Sg4—e5 gibt es kein Mittel. Spielt Schwarz statt 23. ...., Dc6—f6 23. ...., Sd7—f6, so folgt von seiten des Weißen doch 24. Sh2—g4, denn der Springer darf wegen Dg5—e7: nicht geschlagen werden. (Selbst wenn 24. ...., Sf6—g4: möglich wäre, wäre es nutzlos wegen 25. h3—g4:, Dc6—f6; 26. Dg5—f4 mit der Drohung 27. g4—g5.) Nach 24. Sh2—g4 droht Weiß nicht nur Tf2—g2 und Sg4—f6+ oder Sg4—h6†, sondern auch Sg4—e5. Schwarz muß daher den Abtausch seinem Gegner überlassen, denn nur so kann er seinen Angriff fortsetzen.

22. .... Ta8—a3

Spielt Weiß 23. g5—f6:, so gewinnt er nichts denn Schwarz antwortet g7—f6: oder Dc6—f6:; 24. Dh4—g3, h7—h5, um Sh2—g4 zuvorzukommen. Weiß zieht daher zunächst

23. Sh2—g4 ....

opfert Bb3 und droht den Abtausch auf f6 an. Wir erreichen jetzt die kritische Stellung der Partie, welche beide Spieler vorausgesehen und analysiert haben sollten (Diagramm 54).

Dr. Tarrasch.

H. N. Pillsbury.
Diagramm 53.

Dr. Tarrasch.

H. N. Pillsbury.
Diagramm 54.

Weiß hat 19 effektive Züge, Schwarz aber nur 17 getan. Weiß kann durch seine vorgerückten f- und g-Bauern einen Raumgewinn buchen oder besser gesagt, er hat dadurch den gegnerischen Raumgewinn am Damenflügel ausgeglichen. Schwarz kann durch seinen nächsten Zug einen Bauern gewinnen, d. h. er wandelt seinen ursprünglichen Zeitgewinn erst in einen Raum- und schließlich in einen Kraft- (Material-)gewinn.

Dieser Vorteil besteht nur in einem Mehrbauern auf dem Damenflügel, wenngleich zu beachten ist, daß Schwarz hier zwei Freibauern besitzt. Freilich werden diese nur dann wirksam, wenn der weiße Königsangriff wirkungslos zerschellt. Um den Bauern zu gewinnen, muß Schwarz den Turm aus dem Spiel nehmen und einen wirksamen Läufer gegen einen untätigen Springer abtauschen. Dadurch schwächt er aber auch seine Verteidigung auf dem Königsflügel beträchtlich. Schließlich kann Weiß auf diesen Flügel um eine Figur stärker sein. Der Plan des ganzen Spieles, das Öffnen der g-Linie, wird endlich dadurch verwirklicht, daß der Turm am Angriff teilnimmt. Jetzt gilt die Frage, hat Weiß gut gerechnet, daß das Heranführen einer neuen Figur nach den Königsflügel das Spiel entscheidet? Nach

23. .... Ld5—b3:

nimmt Weiß nicht sofort, weil dann der Turm zurückschlagen und drohen würde, auf b2 entscheidend einzugreifen, indem er sich dem weißen Turm entgegenstellt. Weiß lehnt auch ab, 24. g5—f6: zu spielen, weil der Gegner g7—f6: nebst Te7—g7 spielen könnte. Daher fährt Weiß fort:

24. Tf2—g2 ....

Die schwarze Erwiderung f6—g5: ist unmöglich, denn nach 25. Dh4—g5: wäre Schwarz gegen die Drohung f5—f6 wehrlos. Er muß daher

24. .... Kg8—h8

antworten. Darauf folgt

25. g5—f6: g7—f6:

Falls Sd7—f6:, so 26. Sg4—e5 mit der Drohung Se5—g6†.

26. Sc1—b3:! ....

um die Punkte f7 und g8 des schützenden Läufers zu berauben.

26. .... Ta3—b3:

27. Sg4—h6 ....

mit der Drohung Tg2—g8 matt. Falls Te7—e8, so 28. Sh6—f7 matt. Falls 27. ...., Dc6—c8 oder Dc6—a8, so 28. Dh4—g3 nebst Matt in zwei Zügen.

27. Te7—g7

Erzwungen.

28. Tg2—g7: Kh8-g7:

Diese Stellung verlangt besondere Beachtung. Nicht eine schwarze Figur deckt den König. Der Turm ist außerhalb des Spieles, die Dame steht blockiert auf der 6. Reihe, der Springer deckt f6 und f8, aber alle anderen Punkte und die g- und h-Linie sind ungeschützt. Weiß hingegen hat die Dame und den Springer gegen den schutzlosen König und kann auch den Turm alsbald ins Spiel bringen. Wieviel vorbereitende Züge hat er aber dafür nötig? Er muß jetzt die offene Stellung des schwarzen Königs und das Fehlen des Läufers, der die weißen Felder gegen die Springerangriffe schützt, ausnützen.

Z. B. 29. Dh4—g3† ....

worauf der schwarze König weder nach f8 noch nach h8 darf. Im ersten Falle gewinnt Weiß den Tb3, im andern wird Schwarz sofort matt. So äußert sich der Mangel des deckenden Läufers. Schwarz muß daher den Springer nehmen:

27. .... Kg7—h6:

Weiß kann nun 30. Tf1—f4 mit der Drohung Tf4—h4 matt nicht spielen, denn darauf griffe der schwarze Turm ins Spiel ein mit Schachgeboten auf der 1. und 2. Reihe. Weiß kann diesen nicht entgehen, denn sobald er nach d1 zieht, antwortet Schwarz c3—c2 und macht sich eine Dame. In dieser Variante würde der schwarze Vorteil am Damenflügel zum Ausdruck kommen.

Weiß hat aber einen anderen Weg. Er spielt

30. Kg1—h1 ....

und Schwarz steht unter der Drohung 31. Tf1—g1 mit Matt im nächsten Zug. Z. B.

30.	Sd7—f8
31. Tf1—g1	Dc6—e8
32. Dg3—f4†	Kh6—h5
33. Tg1—g4	....

oder

30. Kg1—h1	Dc6—d5
31. Tf1—g1	Dd5—f5:
32. Dg3—h4†	Df5—h5
33. Dh4—f4†	Dh5—g5
34. Tg1—g5:	f6—g5:
35. Df4—d6†	Kh6—h5
36. Dd6—d7:	....

mit der Drohung Matt im nächsten Zug.

Somit war die weiße Idee richtig. Das Öffnen der g-Linie und das Heranbringen einer neuen Angriffsfigur entschied das Spiel. Beweist dies die Unkorrektheit des schwarzen Planes? Indem Schwarz ihn verwirklichte, gewann er einen Bauern und erhielt zwei Freibauern am Damenflügel.

Wir wissen, daß Schwarz dem entgehen konnte, wenn er seinen Zeitgewinn nicht in einen materiellen umzuwandeln bestrebt war, ehe er seine Königsstellung befestigt hatte. Jedenfalls kann der schwarze Plan nicht zur Durchführung gelangen, wenn dadurch der Königsflügel aufgerissen und schutzlos wird. Die Frage ist, ob Schwarz gleich seinem Gegner hätte handeln sollen, der erst einen Bauern am passiven Flügel, dann aber sogar einen Springer auf dem Hauptkampfplatz opferte und so das Spiel zur Entscheidung brachte. Vielleicht hätte er den weißen b-Bauern nicht mit dem Läufer, sondern mit dem Turm nehmen sollen.

Das könnte als Opfer angesehen werden, aber der Läufer ist in der vorliegenden Stellung tatsächlich stärker als der Turm, denn letzterer wirkt auf b3 nicht mehr mit, während der Läufer die Punkte f7 und g8 schützend bestreicht.

Schwarz wäre es so gelungen, sich gegen die weiße Kombination zu schützen und, wenn seine Freibauern gewinnen konnten, würden sie weder Turm noch Läufer zur Unterstützung gebraucht haben.

Um diese Kombination zu beurteilen, ist es nötig, zu zeigen, daß sich Weiß nicht sofort gegen diese Bauern schützen kann, denn es folgt nach 23. ...., Ta3—b3:; 24. Sc1—b3:, Ld5—b3:. Spielt Weiß 25. Tf1—b1, so entgegnet Schwarz c3—c2. Auch kann die weiße Kombination nicht verwirklicht werden und Schwarz ist zu Kg8—h8 nicht gezwungen, weil er seinen Turm dem weißen auf g7 opponieren und den König nach f8 ziehen kann, alles unter dem Schutze des Läufers auf der Diagonale. Auch hat Schwarz, wenn der Gegner Tf2—g2 vor dem Bauernabtausch zieht, die Wahl zwischen Kg8—f8 und Kg8—h8 (nicht aber f6—g5:, denn dann folgt 26. Dh4—g5:, Kg8—f8; 27. f5—f6 und gewinnt). Tauscht Weiß die Bauern, so antwortet Schwarz g7—f6: (nicht Sd7—f6:) und auf 26. Sg4—e5 (Tf2—g2, Te7—g7!) Sd7—e5:; 27. d4—e5:, Te7—g7†.

So konnte Schwarz durch die Erhaltung des Läufers den Königsflügel decken und das Qualitätsopfer bringt ihm keinen Schaden.

Das beweist, wie ausgezeichnet unser Beispiel ist. Es illustriert den Kampf zweier gleich tiefer Spielpläne, die sich auf fast gleiche Stellung gründen. Die Schwankungen, die sich während der Ausführung ereignen, zeigen uns alle Fälle der Wandlungen der Elemente. Alle Forderungen, die man an die Aufstellung und Ausführung des Planes knüpfen muß, werden hier überzeugend dargestellt.

In diesem Beispiel sahen wir den Aufbau und die Verwirklichung eines Planes, gegründet auf den Charakter beider Stellungen und ihre Vorteile. Einige Figuren waren zum Angriff, andere zur Verteidigung gruppiert. Der Hauptangriff wurde immer mehr betont. Während der Ausführung wurde der Plan in Hinblick auf das Hauptziel in Teilpläne zerlegt, die zu seiner Entwicklung beitrugen. In der Erreichung dieser Ziele haben wir die Umwandlung der Elemente erkannt. Dieser Umstand muß besonders gekennzeichnet werden, da es nicht oft der Fall ist, daß der Vorteil in einem Element unbeschränkt wachsen kann, denn es kommt der Augenblick, wo kein Zeit- oder Raumgewinn mehr möglich ist. Man kann in gewissen Fällen die erlangte Stellung ohne Änderung behaupten, bis sich neue Möglichkeiten eröffnen, oft aber verschwindet der erlangte Vorteil, wenn er nicht zur Zeit gegen einen andern getauscht wird.

Dieser Augenblick spielt oft die entscheidende Rolle im Spiel. Wir sahen im letzten Beispiel, wie Schwarz das Spiel verlor, weil er seinen Raum- und Zeitgewinn in einen materiellen verwandelte. Hätte er im Gegenteil die Qualität geopfert (d. h. den erlangten materiellen Vorteil) und diesen in einen Zeitvorteil umgewandelt, so würde er wahrscheinlich gewonnen haben.

Daraus folgt, daß man nicht auf Gewinn in einem oder anderen Element ausgehen soll, sondern auf einen Vorteil in dem Element, der sich aus der vorgelegten Stellung als der wirksamste ergibt. Nach der Erlangung eines solchen Vorteils muß man ihn klar erkennen. Allgemeine Betrachtungen, daß die eine Stellung besser sei als die andere, sind wertlos, nur aus feststehenden Tatsachen läßt sich die Realität des Vorteils ableiten. Es fällt nicht schwer, den Vorteil in einem Elemente zu vergrößern, ungleich schwerer fällt die Umwandlung des Vorteils in einem Elemente nach anderer Richtung hin und die Wahl des richtigen Zeitpunktes hierzu. Dies geschieht jedoch sehr oft. Die Spielführung muß sich daher den erlangten Vorteilen anpassen.

Wir müssen vor allem die Stellungen betrachten, wo Vorteile in verschiedenen Elementen bestehen, und ihre Ausnützung dartun, dann die Stellungen, in denen man der schwächere Teil ist, und endlich gleichwertige Stellungen und die Erlangung des Vorteils in diesen.

Kapitel II.

Überlegene Stellungen.

Einleitung.

Wenn wir von der Überlegenheit einer Stellung sprechen, müssen wir stets bedenken, daß trotz aller Eigenart der gegnerischen Stellungen und der Unterschiede in Hinblick auf die Elemente, ein Vorteil auf einer Seite festzustellen ist.

Wir können an Kraft, Zeit oder Raum oder in zwei ja sogar in allen Elementen einen Gewinn erzielt haben. Wenn aber die Qualität der Stellung derart ist, daß diese Einzelgewinne den Vorteilen des Gegners überlegen sind und uns ein aktives Spiel gestatten, können wir auch für den Fall augenblicklich erzwungener Verteidigung später aktiv vorgehen und unseren Vorteil verwirklichen. Wir werden uns hier nicht bei Einzelheiten aufhalten, sondern typische Beispiele behandeln, welche die Behauptung und Verfolgung von Vorteilen bis zum Sieg dartun.

Wir kennen schon den Zusammenhang zwischen Stellungscharakter und Spielplan. Zweifellos besteht eine ähnliche Verbindung zwischen der Qualität der Stellung und der Verwirklichung von

Vorteilen. In bezug auf letztere müssen wir vor allem bestimmen, worin sie bestehen.

Der einfachste Fall ist natürlich der, wenn der eine Partner in allen Elementen im Vorteil ist, während der Gegenspieler keine Chancen besitzt. Der Gewinn kann auf verschiedenen Wegen erreicht werden; bei starken Gegnern wird das Spiel im allgemeinen nicht fortgesetzt, die schwächere Seite gibt auf. In der vorliegenden Stellung (Diagramm 55) hat Weiß großen Vorteil in allen Elementen. Er kann ruhig den Turm nehmen und hat mit Hilfe des Bd6 eine noch bessere Stellung zum Angriff. Doch müssen wir in jeder Stellung nach der kräftigsten Fortsetzung Ausschau halten, die am ehesten zum Gewinn führt, d. h. wir müssen erkennen, in welchem Element der Hauptvorteil besteht, und ihn ausnützen.

F. Sicre.

P. Morphy.
Diagramm 55.

So ist in unserem Beispiel der weiße Stellungsvorteil größer als der Qualitätsgewinn. Weiß spielt deshalb, um seinen Angriff zu verstärken, so, daß er sich die Möglichkeit wahrt, die Qualität zu gewinnen, wenn es notwendig ist. Die Fortsetzung ist:

1. Tf1—e1 Lc8—e6

Erzwungen.

2. Sf3—e5 ....

Droht durch 3. d6—d7†, Sf8—d7:; 4. Ld3—h7: nicht nur die Qualität zu gewinnen, sondern einen ganzen Turm, der nicht zurückgehen kann, weil sonst Se5—f7: oder Se5—c6: folgt.

2. .... Sg8—f6

Der schwarze Turm könnte jetzt zurückziehen; deswegen schlägt Weiß mit Recht, weil er dadurch einen Springer von der Verteidigung des Feldes d7 abzieht, wohin der Bauernangriff gerichtet ist.

3. Ld3—h7: Sf8—h7:

4. Le3—c5 ....

Mit der früheren Drohung 5. d6—d7† und falls Sf6—d7:, 6. Se5—d7:, Dd8—d7:; 7. Dc3—h8†, Sh7—f8; 8. Dh8—f8: matt. Deshalb verhindert Schwarz den Bauernvorstoß.

.... Sf6—d7

5. Se5—g4 ....

Mit der doppelten indirekten Drohung Dc3—h8† und Sg4—f6†

....	b7—b6
6. Dc3—g7	Sh7—f8

Wenn b6—c5:, so 7. Dg7—h7: mit der Folge 8. Dh7—g8†, Sd7—f8; 9. d6—d7†, Dd8—d7:; 10. Sg4—f6†

7. Lc5—d4	....

und Schwarz gibt auf, da er keine Verteidigung gegen die Drohung Ld4—f6, Te1—e6‡, Lf6—e7 und Sg4—f6 hat.

In der Diagrammstellung konnte Weiß einfach die Qualität gewinnen, aber dies ist nicht immer der Fall, denn der geringste Irrtum — z. B. ein Zug ohne genügende Drohung ändert oft die Situation von Grund aus und verliert den Vorteil, selbst wenn der Gewinnweg klar vorgezeichnet war. Deswegen gilt die Regel, daß stets der stärkste, am schnellsten zum Gewinn führende Zug gewählt werden muß.

A. Rubinstein.

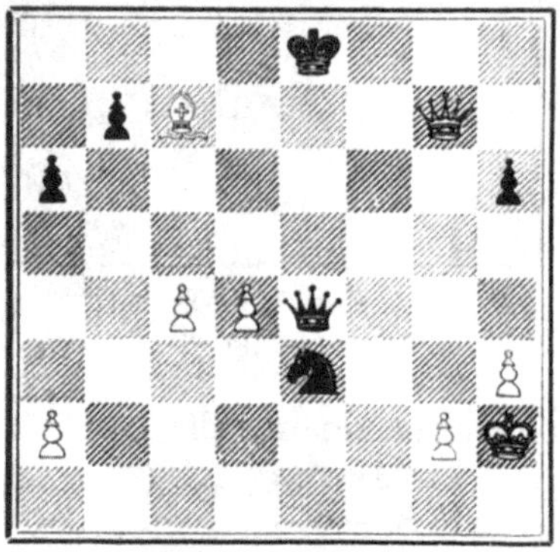

A. D. Flamberg.
Diagramm 56.

In der vorliegenden Stellung (Diagramm 56) ist Weiß in allen Elementen im Vorteil. Die beiden Mehrbauern, Zeit- und Raumgewinn erbringen den Beweis. Wenn aber Weiß sich mit den zwei Bauern zufrieden geben und nicht energisch genug spielen sollte, in Anbetracht, daß Schwarz Bc4 wegen Dg7—g8† nicht nehmen kann, etwa 1. Lc7—e5, dann beginnt Schwarz sogleich einen Angriff: Se3—f1†; 2. Kh2—g1, Sf1—d2 (mit der Drohung ewigen Schachs durch De4—e1†, Sd2—f1† usw.); 3. Kg1—f2, De4—d3 und gewinnt einen Bauern.

Wie konnte sich das ereignen? Weiß sucht seinen Vorteil an Kraft auszunützen und vernachlässigte seinen Vorteil an Zeit und Raum. Er hätte mit direkten Drohungen energisch fortfahren sollen, um dann den materiellen Vorteil zur Auswirkung zu bringen oder andere Vorteile zu erlangen. In jedem Falle hätte er dem Gegner keine Möglichkeiten eingeräumt.

Den Damentausch kann er durch Dg7—e5 nicht herbeiführen, weil Schwarz dadurch den c-Bauern gewinnen würde. Deshalb muß dieser Bauer vor allem der Bedrohung durch den Springer entzogen werden. Nach 1. c4—c5 wird eine direkte Drohung des Damentausches die Folge sein. Da der schwarze König patt ist und die Dame wegen der Drohung Lc7—d6 nebst Matt nicht wegziehen kann, hat Schwarz keinen anderen Zug als Se3—c4 und beraubt sich damit der Möglichkeit eines Dauerschachs oder Bauerngewinns und Weiß kann entweder auf Austausch der leichten Figuren Dg7—g8† nebst Dg8—c4: spielen oder noch besser den Läufer ziehen mit der Drohung, den Springer zu gewinnen. Der Läufer kann auf ein sehr wirkungsvolles Feld, nämlich nach g3, und weiter nach h4 mit Mattdrohung gehen. Der Gewinn fällt dann leicht.

Welches Ziel hat sich die Partei mit einem vernichtenden Übergewicht zu setzen? Zweierlei: entweder direkt das Matt herbeizuführen oder genügend Material zu gewinnen, um den Gegner zu erdrücken. In Verbindung mit letzterem muß er auf das Endspiel zusteuern. Bringt ein vorteilhaft stehender Spieler dies zuwege, so zeugt dies von unbestreitbarer Überlegenheit. Das Endspiel bedingt entweder ein direktes Matt oder die Umwandlung eines Bauern zur Dame und so einen siegverheißenden Vorteil. Aus diesem Grunde ist die nähere Betrachtung des Endspieles für uns unwesentlich.

Es wird sich manchmal empfehlen, bei genügendem Übergewicht auf das direkte Matt zu spielen statt ein Endspiel herbeizuführen. Befindet sich ein Spieler im Mehrbesitz einer Dame oder eines Turmes — ungeachtet anderer Vorteile an Zeit und Raum — so läßt sich leicht ermitteln, ob das Matt möglich wird. Ist dies augenblicklich nicht der Fall, so empfiehlt sich als bester Weg der **Generalabtausch**, wonach das Endergebnis außer Frage steht.

Im Mehrbesitz eines Bauern, eventuell sogar eines Läufers oder Springers, gilt es die Chancen des Endspiels sorgfältig abzuwägen. In so einem Falle wird die Vergrößerung des bestehenden Vorteils Bedingung: davon wollen wir aber erst bei den Vorteilen in verschiedenen Elementen sprechen.

J. H. Blackburne.

M. J. Tschigorin.
Diagramm 57.

Betrachten wir das nebenstehende Diagramm 57:

Unbestreitbar hat Weiß in allen Elementen Vorteil. Gegenwärtig besitzt Weiß einen Mehrbauern und greift den schwarzen Zentrumsbauern an, während Schwarz Bf2 aufs Korn genommen hat. Fährt Weiß mit passiver Verteidigung fort, so wird ihm Schwarz sehr lästig werden und der Mehrbesitz des Bauern wird vielleicht zum Gewinn nicht ausreichen.

Zu einem Angriff hat Weiß zu wenig Material. Aus diesen

Gründen führt er den Generalabtausch herbei: er droht einen starken Angriff und erzwingt so ein klar gewonnenes Endspiel.

Ein anderer Weg als die direkte Drohung — etwa allmähliches Zurückdrängen des gegnerischen Angriffes — ist ungangbar. Er entzieht seinen f-Bauern dem Zugriff des Gegners, greift damit zugleich Be5 an und droht ihn zu gewinnen:

1.	f2—f4	Df6—c6†
2.	Dg4—f3	Dc6—f3 ✣
3.	Kg2—f3:	Tf8—d8

Falls e5—f4:, so 4. Te2—e7 (mit der Drohung Te7—c7: und Lc3—g7✣) f4—g3✣; 5. Kf3—g2, Tf5—f2†; 6. Kg2—g1, Lc7—d8; 7. Lc3—g7✣ nebst 8. Lg7—f8:, womit die Qualität und das Spiel gewonnen ist, eine Folge des Königsangriffes:

4.	Lc3—e5:	....

Vielleicht war Kf3—e4 noch stärker.

4.	....	Lc7—e5:
5.	Te2—e5:	Td8—d3 ✣
6.	Te1—e3	Td3—e3 ✣
7.	Kf3—e3:	Tf5—f8
8.	Te5—e6	Tf8—b8
9.	Ke3—e4	....

und Weiß gewinnt das Endspiel ohne Schwierigkeit.

Mitunter empfiehlt es sich nicht, auf das Endspiel hinzuspielen namentlich bei geringfügigem Vorteil. Dies zu erkennen gehört in das Gebiet des Endspielstudiums, nicht aber in vorliegendes Werk. Natürlich wählten wir unser Beispiel so, daß der errungene Vorteil zum siegreichen Abschluß genügt. Komplizierter liegt der Fall, wenn trotz bestehenden Vorteils dem Gegner noch Möglichkeiten geboten sind.

Wir wenden unser Augenmerk den einzelnen Vorteilen zu und teilen diese nach den Elementen Kraft, Raum und Zeit ein.

Deutlich voneinander abgegrenzte Beispiele beizubringen, macht mitunter Schwierigkeiten. Oft verbindet sich mit dem Vorteil in einem Element der Gewinn oder Verlust in einem anderen. Um eine klare Vorstellung des Hauptgedankens zu bekommen, scheint es mitunter rätlich, Einzelheiten zu übergehen. Folgendes ist der Erörterung zugrunde zu legen: 1. der Vorteil einer Partei liegt klar zutage, 2. dieser Vorteil soll in bezug auf jedes einzelne Element besprochen werden. In diesem Falle wird die Häufung von Vorteilen mehrerer Elemente eine gelegentliche Vereinigung der Hauptstellungen sein.

Beim Prüfen jedes Beispieles nehmen wir die verschiedenartige Spielführung wahr, wie sie durch die gegebenen Vorteile geboten ist. Nochmals sei darauf aufmerksam gemacht, daß es nicht Ziel sein kann, nur in einem Elemente in Vorteil zu kommen, immer muß eine weitere Verstärkung auf jede Weise angestrebt werden, um das Heft in der Hand zu haben. Der Charakter der Stellung muß jeweils bestimmt werden.

Vorteil an Kraft.

(Materieller Vorteil.)

Der materielle Vorteil läßt sich am leichtesten bestimmen und spielt meist die entscheidende Rolle. Zeit und Raum sind die Bedingungen, unter denen die Kraft zur Auswirkung gelangt, und so ist letztere das aktive Element im Spiel. Die Überlegenheit im Raum und in der Zeit erscheint deshalb tatsächlich als Vorbedingung größerer Handlungsfreiheit des Materials. Überlegenheit an Kraft bildet schon einen wirklichen Vorteil und man sagt nicht grundlos, daß Bauerngewinn den Spielgewinn bedeutet. Das Opfer einer Figur soll nur den Austausch derselben gegen einen Vorteil in einem anderen Element herbeiführen. Ein Gegner gibt dem anderen ein materielles Übergewicht in die Hand, um selbst größere Handlungsfreiheit für die eigenen Figuren zu erlangen, während die des Gegners nichts vom Spiel haben.

Oft gewährt die Umwandlung des materiellen Vorteils in einen anderen die schnelle Entscheidung.

Wir kommen zunächst zu Stellungen, wo die Überlegenheit eines Partners durch den materiellen Vorteil bedingt ist. Der gegenteilige Fall braucht hier nicht beachtet werden, da der Vorteil allgemein ist. Fälle aber, wo nutzlose Opfer eine allgemeine Überlegenheit des Gegners herbeiführen, sollen hier behandelt werden.

Im vorigen Kapitel besprachen wir Beispiele vom Vorteil in allen Elementen, jetzt aber wollen wir solche in Betrachtung ziehen, wo der Vorteil an Kraft mit einem Nachteil in anderen Elementen verbunden ist, diesen jedoch überwiegt und eine allgemeine Überlegenheit der Stellung bedingt. Wegen der Einfachheit wollen wir uns nicht zu lange damit beschäftigen. Bei Mehrbesitz einer Figur oder eines Bauern wird dem guten Schachspieler der Gewinn keine Schwierigkeit bereiten, schwieriger ist die Entscheidung, ob man auf das Endspiel lossteuern, einen Angriff beginnen oder manövrieren soll. Das hängt, wie wir schon im einzelnen gesehen haben, von der Beurteilung der Stellung ab. Einzelfälle werden in Teil III behandelt. Deshalb geben wir hier einige wenige Beispiele.

So folgendes (Diagramm 58):

Schwarz besitzt einen Mehrbauern, aber Weiß hat zum Ausgleich drei effektive Züge mehr und ein gutes Zentrum. Be4 ist zwar etwas schwach und die Springerstellung nicht besonders günstig, aber der eine auf e3 droht im nächsten Zug ein ausgezeichnetes Feld zu besetzen, indem er einen Doppelangriff mit Turm und Springer gegen die Dame richtet. Sie steht nicht gut und läuft beim Rückzug Gefahr. Außerdem droht Weiß in wenigen Zügen einen Königsangriff, der durch die Mittelbauern, den vorgerückten Turm und die leicht heranzuschaffenden Springer unterstützt werden kann. Was kann Schwarz dagegen tun? Da er keinen anderen Vorteil hat, muß er natürlich den Nachdruck auf seinen Mehrbauern legen und den weißen Figuren am Königsflügel zuvorkommen, indem er die Dame der Drohung des Turmes entzieht. Sein weiteres Bestreben muß dahin gehen, soviel Figuren als möglich abzutauschen, um den weißen Vorteil zu zerstören und ein für ihn günstiges Endspiel zustandezubringen; denn der Mehrbauer steht verdoppelt und bleiben nur die Türme im Spiel, so reicht sein Mehrbesitz zum Gewinn nicht aus.

Dr. Em. Lasker.

J. H. Blackburne.
Diagramm 58.

In dieser Absicht muß Schwarz sich die Schwäche des weißen Königsbauern zunutze machen. Wird dieser gezogen, so erhält Schwarz einen starken Freibauern. Darauf spielt Schwarz

1. .... Dc3—d4

dabei beide Springer fesselnd und die Dame der Bedrohung durch den Turm entziehend. Sc6—d4 würde die schwarze Dame in eine völlige Pattstellung bringen und nach Tf3—g3 schutzlos machen. Weiß antwortet

2. Kg1—h1 Lc8—e6

mit dem natürlichen Ziele des Läufertausches. Will Weiß dies vermeiden, so muß er entweder Lc4—e2 oder Lc4 - f1 ziehen. Er vergeudet aber damit einen Zug, mit seinen Angriff nicht fort. Dies benutzt Schwarz sofort und leitet den Gegenangriff mit f7—f5 ein. Tauscht Weiß, so schneidet Schwarz nach f7 - e6: dem weißen Springer die Felder d5 und f5 ab und erhält damit gleichzeitig die offene f-Reihe, wodurch der weiße f-Bauer geschwächt wird. Der weiße

Angriff verpufft, während Schwarz sein Zentrum stärkt und seinen Mehrbauern deckt. So bleibt dem Weißen nur ein Zug

3. Ta1—c1 Le6—c4:
4. Tc1—c4: ....

Nun steht Schwarz vor der Frage: wohin mit der Dame? Zieht sie nach f6, so antwortet Weiß e4—e5 mit der Drohung Sd2—e4 oder f4—f5. Daher muß Schwarz

4. .... Dd4—b2

spielen und bedroht damit Ba2. Weiß kann keinen zweiten Bauern opfern, sonst ist sein Angriff nicht stark genug. Außerdem droht Schwarz nach Db2—a2: mit Sc6—d4 den Tf3 und Bb3 gleichzeitig anzugreifen und den Tc4 abzusperren.

Daher vertreibt Weiß die Dame:

5. Tc4—c2 Db2—f6

Es gibt nichts anderes, doch ist der Zug jetzt möglich, weil nach e4—e5 die Dame nach h4 gehen kann und f4—f5 gefahrlos ist; der Turm bestreicht nicht mehr die 4. Reihe. Schwarz droht nun Qualitätsgewinn durch Sc6—d4, weswegen Weiß einen anderen Weg zum Angriff einschlagen muß.

6. Se3—g4 Df6—g6
7. Tf3—g3 ....

Zöge Schwarz Df6—e6, so folgte f4—f5—f6, nach Dg6—h5 aber geht die Dame durch Sg4—f6† verloren. Sie muß darum auf ihrem Felde bleiben und f4—f5 zuvorkommen. Deswegen folgt:

7. .... f7—f5

Weiß kann den Bauern wegen Se7—f5: mit Angriff auf den Tg3 nicht schlagen und muß mit dem Springer ziehen.

8. Sg4—e5 Dg6—e6
9. Se5—c6: Se7—c6:

Nun steht die Überlegenheit des Schwarzen außer Zweifel. Die Anzahl der effektiven Züge ist bei beiden Partnern gleich. Schwarz hat genügend Raum, sein Mehrbauer ist erhalten, zwei leichte Figuren sind abgetauscht und Weiß ist so aller Angriffsmöglichkeiten beraubt, während Schwarz auf den Mittelbauern zielt. Spielt jetzt Weiß e4—f5:, so wird er nach Tf8—f5: nicht in der Lage sein, den isolierten f-Bauern auf der offenen Linie zu schützen, die nun auch durch den zweiten schwarzen Turm besetzt wird. Schwarz droht aber seinerseits f5—e4: und einen Angriff auf den f-Bauern. Deshalb muß Weiß den angegriffenen Bauern vorrücken.

10. e4—e5 Sc6—b4

droht Tc2 oder Ba2 zu schlagen oder Sb4—d5 und Sb4—d3

11. Tc2—c4 d6—e5:

Droht im Falle von Tc4—c5:, e5—f4: und Tg3 hat kein gutes Rückzugsfeld.

12. Dd1—a1 ....

Schützt Ba2 und greift Be5 an, der wegen des auf g7 drohenden Matts nicht ziehen kann.

12. .... De6—d7

Verbindet die Abwehr des Matt mit einem Angriff auf den feindlichen Springer.

13.	Sd2—f3	e5—f4:
14.	Sf3—e5	Dd7—e7
15.	Tc4—f4:	Ta8—e8
16.	Se5—c4	De7—e1†
17.	Tf4—f1	De1—a1:
18.	Tf1—a1:	Sb4—a2:

Schwarz hat nun drei Bauern gewonnen, fast alle Figuren abgetauscht und die weißen Angriffsmöglichkeiten zerstört. Das Spiel ist jetzt ohne Schwierigkeit gewonnen.

Wir ziehen aus diesem Beispiel die Lehre, daß der Verlust mehrerer Bauern erzwungen war, um den Vorteil an Zeit festzuhalten, dessen Verlust dem Schwarzen den ganzen Vorteil eines Mehrbauern eingeräumt hätte. Der Plan des Schwarzen bestand daher in der Lähmung und im Abtausch der weißen Figuren, um dadurch den weißen Vorteil an Zeit zu vernichten. Gleichzeitig griff Schwarz den einzigen schwachen Punkt (Be4) an und verband diesen Angriff mit der Verteidigung seiner Dame. Schwarz war imstande sich zu schützen, weil er einen Mehrbauern besaß und jeder gleichgültige Zug seine Stellung verbesserte und den Vorteil an Kraft vergrößerte. Durch defensives Spiel würde Weiß den Gegner an der Verwirklichung seines Vorteils nicht gehindert haben. Wir können daraus eine ähnliche Schlußfolgerung für die Entwicklung des Planes ziehen: die Verwirklichung materieller Vorteile muß ein weitergestecktes Ziel haben, das über den Umweg der Entscheidung von Nebenzielen in den anderen Elementen allmählich erreicht wird.

Wenn wir in vorliegendem Beispiel den schwarzen Mehrbauern weglassen, so ist alles verändert. Obgleich er nicht am Spiel teilnimmt, entscheidet er das Spiel. Durch ihn wird die schwarze Drohung wirksam und Weiß ist andrerseits in Angriffen und Verteidigungen behindert, die er einleiten könnte, wenn er keinen Bauern zu wenig hätte.

Weil wir nur das Spiel vom Gesichtspunkt des Überlegenen betrachten, gehen wir darüber hinweg, ob der andere Partner sein Spiel korrekt entwickelt. Wir können aber sagen, daß das Spiel eines Partners richtig ist, wenn er jederzeit seine Überlegenheit im Auge hat.

Betrachten wir noch eine ähnliche Stellung (Diagramm 59).

Schwarz hat einen Mehrbauern, Weiß ist einen effektiven Zug voraus, Schwarz hat zwei Figuren am Damenflügel außerhalb des Spieles, während Weiß den ungeschützten Königsflügel angreift. Das Spiel nimmt folgenden Fortgang:

1. Sf4—h5	g7—g6
2. d5—d6	....

Der Bauer darf mit Rücksicht auf die Stellung des Tc8, der nur durch Td8 geschützt ist, nicht geschlagen werden. Gestützt auf seinen Mehrbauern, kann aber Schwarz folgende Verteidigung wählen.

3. .... De7—e6

J. R. Capablanca.

F. J. Marshall.
Diagramm 59.

Besäße Schwarz keinen Mehrbauern, so könnte Weiß vielleicht 3. Dg4—e6:, f7—e6:; 4. Sh5—f6† spielen, um die feindliche Bauernstellung zu zertrümmern und einen starken Freibauern auf d6 behalten. So gestattet der nicht einmal aktiv mitwirkende Mehrbauer ein gewagteres Spiel denn die Meinung ist irrig, daß ein Spieler im Besitze eines materiellen Vorteiles mit besonders peinlicher Sorgfalt vorgehen muß.

Zufälle können dem Schwächeren zu Hilfe kommen, und er beginnt darum gerne, gewagte Angriffe in der Hoffnung, daß die Schwäche durch komplizierte Kombinationen aufgewogen wird; die schwächere Partei ist aber zu einer solchen Spielweise gezwungen, während der stärkeren die Wahl freisteht, was natürlich immer ein Vorzug ist. Wegen seiner Bauernminorität zieht Weiß einen scharfen Angriff vor.

3. Dg4—g5 Kg8—h8

Den Bd6 zu schlagen verbietet sich, weil nach dem Turmtausch und Dg5—h6 die schwarze Dame verloren ginge.

4. Sh5—f6	Td8—d6:
5. Td2—d6:	De6—d6:

So hat Schwarz einen zweiten Bauern gewonnen und Weiß ist in wenig Zügen gezwungen, seinen Läufer zu opfern.

Alles dies verdankt die stärkere Partei dem Mehrbauern, der auch in schwieriger Stellung eine leichtere Verteidigung gestattet.

Ein materieller Vorteil braucht aber nicht unter allen Umständen gehalten werden, er ist vielmehr oft gegen bessere Chancen einzutauschen. Man kann eine gewonnene Figur zurückgeben, um einen zu starken Angriff abzuwehren oder den eigenen zu verstärken. Das läßt sich mit einer Menge von Beispielen belegen. So ist z. B. in jedem Gambit die gewonnene Figur oder der gewonnene Bauer ein tatsächlicher Vorteil und darf deswegen nur zurückgegeben werden, wenn er sich durch einen anderen, größeren Vorteil aufwiegen läßt oder wenn Zwang dazu vorliegt. Diese letzte Notwendigkeit beweist, daß das Spiel nicht stark genug oder der gegnerische Vorteil zu groß war und nur der eigene Vorteil an Kraft den Ausgleich schafft. Sind wir zur Hergabe einer Figur oder eines Bauern nicht gezwungen oder mißlingt es, genügend Vorteil durch das Gegenopfer zu erlangen, so würde die Abgabe des materiellen Vorteils nur den Mangel energischer Spielführung beweisen. Im Schach darf keine Anstrengung vergebens getan und das Errungene darf nicht leichten Herzens aufgegeben werden.

Verfügt man über eine Figur mehr und über das bessere Spiel, so hat man vor allem zu entscheiden, ob diese Mehrfigur im Mittel- oder Endspiel am wirksamsten sei. Im letzteren Falle muß man das Endspiel herbeizuführen trachten, jedoch klar erwägen, welche Stellung am günstigsten ist. Im anderen Falle ist das Endspiel zu vermeiden. Dem Charakter der Stellung entsprechend wird entweder ein energischer Angriff oder die Verteidigung nötig. In beiden Fällen wahrt man sich die Möglichkeit, die Mehrfigur zurückzugeben, wenn der Vorteil in einem anderen Element als wirksamer erkannt und erhalten wird.

Sie darf aber nur zurückgegeben werden, wenn man einen wirklichen und greifbaren Vorteil dafür erlangt. An sich gibt der Mehrbesitz an Kraft dem Spiel keinen besonderen Charakter, denn die Bedingungen des Spieles sind Zeit und Raum und letzterer bestimmt den Charakter der Stellung. In diesen Elementen ist der Vorteil am schwierigsten herauszuarbeiten und in Gewinn umzusetzen.

Wir werden nun diese Elemente weiter erörtern.

Zeitvorteil.

Während Materialüberlegenheit beim gegnerischen Angriff verloren geht, der Raumgewinn aber bestehen bleibt, ist der Zeitvorteil im Gegensatz dazu nur vorübergehender Natur und kann auch ganz verschwinden. Das ist der Grund, daß wir nach bester Entwicklung unserer Figuren bei den späteren Zügen keine guten Stellungen mehr für sie finden können, denn ein Zeitgewinn läßt sich nicht ins Ungemessene verstärken. Nach einem Raumgewinn vermögen wir das Spiel in dieser Stellung zu halten, aber nach einem Zeitgewinn, laufen wir Gefahr, die alten Vorteile zu verlieren, wenn wir keinen neuen hinzugewinnen. Deswegen müssen wir uns nach einem Zeitgewinn die Frage vorlegen: „wie verhüte ich den Verlust des gewonnenen Vorteils?" Hier kommen die Drohungen des Gegners in Betracht. Wichtiger erscheint aber noch die Frage: „wie vermehre ich den erlangten Vorteil und wie wandle ich ihn, wenn es möglich ist, in ein anderes Übergewicht um und in welches?" Dies bildet den entscheidenden Spielmoment, da die Wandlung immer von Gefahr begleitet ist. Ehe wir erörtern, wie wir zu spielen haben, wenn wir einen Zeitvorteil errungen haben, betrachten wir folgende Stellung die in bezug auf Zeitgewinn als typisch bezeichnet werden darf. (Diagramm 60).

J. Mieses.

Dr. S. Tarrasch.
Diagramm 60.

Die Position ist typisch: beide Gegner verfügen über die gleichen Kräfte bei annäherend gleicher Stellung. Nur haben die beiden weißen Springer drei effektive Züge mehr und darin besteht der Vorteil des Weißen.

Nach dem Gesagten hat sich Weiß die Frage vorzulegen, ob er den errungenen Vorteil verlieren kann. Auf zwei Arten kann man des Zeitgewinnes verlustig gehen, entweder der Gegner greift die schneller entwickelten Figuren an und zwingt sie zum Rückzug oder er macht einfach wichtige Entwicklungszüge, während der Partner keine solchen zur Verfügung hat. Im vorliegenden Beispiel gibt es keine direkten Drohungen, weil der schwarze c-Bauer keinen der Springer angreifen darf. In einen Falle geschieht Sb5—d6† mit Gewinn eines Bauern; im anderen wird Sd4—f5 mit der Drohung gegen Bg7 und Schachgebot auf d6 erwidert. Eine Entwicklung ist mit diesen Zügen gleichfalls nicht verbunden. Wir müssen uns jedoch noch weiter in das Studium vertiefen.

Der weiße Vorteil zeigt sich darin, daß beide Springer auf gute Felder entwickelt sind, während der eine feindliche noch das Ausgangsfeld, der andere aber ein wirkungsarmes Feld besetzt hält. Wir vermuten, daß es Schwarz gelingt, Sg8—f6 und in der Folge 0—0 zu spielen, wodurch der weiße Vorteil alsbald verringert wird und Schwarz ohne Schwierigkeit die lästigen Springer abschüttelt.

Daher muß Weiß vor allem die Vollendung der Entwicklung des Schwarzen zu hindern suchen, d. h. nicht zu gestatten, den zweiten Springer herauszubringen und zu rochieren. Er darf eben nach Erlangungen eines Zeitvorteiles nicht auf seinen Lorbeeren rasten, sondern muß den Vorteil unaufhörlich vergrößern, mit Drohungen arbeiten und den Feind beunruhigen.

Die Verhinderung der kurzen Rochade ist für Weiß unschwer: Th1—e1. Falls Sg8—e7, so zieht der weiße König ab und der Springer ist gefesselt. Falls Sg8—f6, so zieht der weiße König mit Schach ab und der schwarze König muß nach f8 ziehen und den Turm für lange Zeit einsperren.

Kann aber Schwarz lang rochieren? Dann bleibt Ba7 ungedeckt und der Springer kann ihn mit Schach schlagen. Nach Kc8—b8 muß der Springer nach b5 zurück und nach c7—c6 wird Sd4 durch den Turm erobert. Durch die lange Rochade greift Schwarz ein sich gegenseitig schützendes Springerpaar an und droht, nicht nur seine Entwicklung zu vollenden, sondern auch den Gegner den Zeitvorteil abzujagen. Wie kann Weiß dieser Drohung begegnen? Zuerst durch die Deckung des Sd4 oder durch seinen Rückzug. Er spielt 1. Th1—e1 (sonst zieht Weiß Sg8—f6 und rochiert kurz) 1 ...., 0—0—0; 2. Ta1—d1 oder Sd4—f5. Im ersten Falle antwortet Schwarz c7—c6 und nach dem Springerrückzug kommt Sg8—f6 ohne Entwicklungsschwierigkeiten. Im zweiten Falle beginnt er einfach mit der Vertreibung eines Springers durch g7—g6, zieht dieser zurück, so wird auch der zweite durch c7—c6 verjagt und dann ruhig dei eigene Springer herausgebracht. Weiß müßte deshalb entweder die schwarze lange Rochade verhindern, dieser mehr Hindernisse in den Weg legen als der etwaigen kurzen Rochade und gegen die ihm drohenden Gefahren Vorsichtsmaßregeln ergreifen.

Unterläßt Weiß Th1—e1 zu spielen, so spielt Schwarz Sg8—f6 und rochiert kurz. Deshalb muß Weiß nach der langen Rochade des Schwarzen einen anderen Weg finden, um seinen Vorteil nicht zu verlieren oder beträchtlich herabzumindern.

Dies ist der entscheidende Moment. Weiß ist voll entwickelt und steht auf der Höhe seines Vorteils. Mit dem nächsten Zug kann Schwarz beginnen, ihn in der Entwicklung einzuholen. Spielte Weiß weit vorausschauend so wird er andere Mittel finden, war das nicht der Fall, so hat er zu unüberlegt seine Springer vorgeschoben und ist unter Zeitverlust zum Rückzuge gezwungen. Weiß hat tatsächlich einen Ausweg, der seiner Entwicklung recht gibt. Nach 1. Th1—e1 0—0—0 kann er spielen: 2. Sb5—a7+, Kc8—b8; 3. Sa7—c6+, b7—c6:; 4. Sd4—c6+, Kb8—c8; 5. Sc6—d8: und bleibt somit im Besitze eines Turmes und zweier Mehrbauern gegen zwei

Springer. Er hat weder an Zeit noch an Raum gewonnen und der ganze Unterschied äußert sich bloß im Material. Mit anderen Worten: Weiß hat seinen Zeitvorteil in Materialvorteil gewandelt.

Nehmen wir an, daß die schwarzen Bauern auf b6, b7, c7 stehen. Dann würde bei ziemlich unveränderter Stellung die weiße Kombination unkorrekt sein. Das beweist, wie aufmerksam man auf die geringsten Einzelheiten der Stellung achten muß.

Wir haben gesehen, wie die gegnerischen Drohungen, die auf die Zerstörung des eigenen Zeitvorteils ausgehen, wirkungslos zu machen sind und welche Maßregeln zu ergreifen sind, um den Vorteil zu behaupten. Wir sahen auch, wie sich im entscheidenden Augenblick dieser Vorteil in einen anderen verwandelt.

Nun wollen wir sehen, wie wir einen Zeitvorteil vergrößern können und wie wir im Besitze eines solchen spielen müssen. Das letzte Beispiel zeigte uns, daß man wegen zuviel Zeitverlustes nicht immer die entwickelten Figuren zurückzuziehen hat. Natürlich ist dies nicht der Fall, wenn der Rückzug nur der Vorbereitung gilt oder im Rahmen eines vorgefaßten Planes liegt. An sich bedeutet aber jeder Rückzug ein Nachgeben gegenüber dem Gegner. Dies zeigt, daß wir die Stellung der vorgerückten Figuren decken und so selbst den Gegner unter Drohungen halten müssen. Die feindliche Entwicklung verhindern wir in ihrer Hauptsache indem wir Drohungen anbringen, offene Reihen besetzen usw. Wir haben das Vorausberechnen einer Stellung kennengelernt, die der Gegner bei Verfolgung eines Drohspiels zu seinem Nachteil erlangt. Dies geschah im letzten Beispiel. Schwarz drohte zu rochieren, Weiß gestattete es und das Schlußergebnis war für Weiß günstig. Das bestätigt die Richtigkeit unserer Regel. Man muß einen weitschauenden allgemeinen Plan aufbauen und kleine Drohungen müssen Meilensteine auf dem Wege zum Hauptziel selbst sein.

J. R. Capablanca.

A. Niemzowitsch.
Diagramm 61.

Betrachten wir die neue Stellung (Diagramm 61). Sie ist ebenso typisch für den Zeitvorteil wie die vorhergehende, aber hat einen besonderen Charakter: Schwarz hat drei Züge gewonnen, während Weiß einen Bauern mehr hat und einen Raumgewinn in Hinblick auf Be4 und Da6 buchen kann. Daneben hat

Weiß nicht einen einzigen schwachen Punkt in seiner Stellung und alles, was Schwarz erreichen kann, hat er seinem Zeitgewinn zu verdanken. Welches ist der Charakter der Stellung? Er kann wie gewöhnlich am leichtesten ermittelt werden durch Analysieren des Unterschiedes beider Spiele. Hier liegt der Unterschied in der Stellung der Läufer. Während der weiße unentwickelt ist, bestreicht der schwarze eine lange, wirkungsvolle Diagonale. Er droht, erst den Springer zu nehmen und die Verteidigung von Be4 zu schwächen, sowie die Bauern auf der c-Linie zu verdoppeln. Bb2 muß den Springer decken. Geht der Letztgenannte weg, so ist der Läufer gezwungen, die Deckung des Bauern zu übernehmen. Die ungünstige Stellung des Turmes verhindert das Ziehen des Springers und des Bb2.

Es gibt keine Schwäche in der weißen Stellung und hindert es Schwarz nicht, so wird Weiß seinen Läufer entwickeln, die allein außer Spiel stehende Dame zurückziehen, um den Springer zu decken, und b2—b3 spielen, dann den Turm und endlich den Springer wegziehen. Sein Spiel ist damit gesichert und außerdem durch einen Mehrbauern ausgezeichnet.

Wie kann dies Schwarz hindern?

Alle seine Chancen liegen in einem Angriff auf die Bauern des weißen Damenflügls, gegen den er seine Figuren konzentriert. Spielt aber Schwarz sogleich Tc8—a8, so treibt er nur die weiße Dame auf ihr selbstgewähltes Feld. Er erreicht nichts und verliert einen Zug. Zieht er den Springer, um den weißen Springer anzugreifen, so hebt er den Angriff gegen Be4 auf. Zieht er die Dame, so verliert er Bc6.

Daher muß das Spiel in einer komplizierteren Weise geführt werden, wobei die allgemeinen Regeln beachtet und dem Gegner weder Zeitgewinn noch freie Entwicklung gestattet werden darf, d. h. direkte und unaufhörliche Drohungen sind Bedingung. Schwarz macht seinen ersten Zug:

1. .... Tf8—e8

Eine seltsame Lage! Schwarz greift den Bauern an, den Weiß durch Heranbringen der Dame decken kann. Natürlich geschieht dies seitens Weiß, um die Stellung zu stärken und ein Tempo zu gewinnen.

2. Da6—d3 ....

Er läßt aber dadurch von seiner Drohung gegen Bc6 ab und jetzt ist die feindliche Dame für den Angriff frei, während sie vorher gefesselt war. Hat man schon einen Nachteil an Zeit, so darf man es dem Gegner nicht noch erleichtern und aufhören ihn zu bedrohen. Natürlich wäre es besser gewesen, sogleich f2—f3 zu spielen, was, auf alle Fälle kommen muß. Schwarz antwortet:

2. .... Dd7—e6

Eine neue schwarze Drohung!

3. f2—f3 ....

Wieder ein interessanter Augenblick: der Angriff auf Be4 ist beendet. Was hat Schwarz nun? Offensichtlich war sein Angriff nur eine Demonstration, nur deswegen veranstaltet, um die Beweglichkeit der Figuren des Gegners einzuschränken. Der Turm zog, um die Dame beweglich zu machen, die Dame wieder, um dem Springer den Platz zu räumen.

Der Springer griff den Bauern an. Dieser Angriff ist jetzt beendet, er zieht auf den Damenflügel, wo die Entscheidung fallen muß.

Nun bahnt der Springer im Zurückgehen dem Lg7 die Diagonale und droht in zwei Zügen nach c4 zu gehen, wo er Bb2 aufs Korn nimmt.

3. .... Sf6—d7

Weiß muß diese Drohung parieren, indem er Verteidigung und Figurenentwicklung verhindert

4. Lc1—d2 Sd7—e5

5. Dd3—e2 Se5—c4

Der Springer bedroht Bb2. Auf 6. b2—b3 folgt Sc4—d2:; 7. De2—d2:, De6—e5 mit Qualitätsgewinn.

6. Ta1—b1 Tc8—a8

Wieder eine Drohung. Die Demonstration gegen Be4 ist beendet und der Angriff auf den Damenflügel beginnt. Alle Figuren werden dorthin geworfen und, wenn möglich, muß jede ihren Zug mit einer Drohung verbinden, um dem Gegner keine Zeit zur Deckung und Entwicklung seiner Kräfte zu lassen.

Schwarz hat bis jetzt jeden Zug mit einer Drohung verbunden und Weiß konnte daher während dieser fünf Züge nur den Läufer entwickelt. Alle seine Figuren einschließlich des Läufers wurden zur Verteidigung beansprucht. Spielt jetzt Weiß 7. b2—b3, so gewinnt Schwarz durch Sc4—d2:; 8. De2—d2:, Ta8—a3; deswegen deckt er sich.

7. a2—a4 Sc4—d2:

Mit der Absicht die Dame ins Spiel zu bringen, b2—b3 zu verhindern und den Angriff auf Springer und die Bauern der Damenseite zu konzentrieren.

8. De2—d2: De6—c4

Jetzt ist b2—b3 wegen des Doppelangriffes gegen den Springer unmöglich. Schwarz droht Lg7—c3: und Dc4—a4:; zieht er 9. Sc3—e2, so geht ein Bauer verloren. Der beste Zug würde 9. Sc3 - d1 mit Rückgabe des Bauern sein.

9. Tf1—d1 Tf8—b8

Schwarz konnte jetzt durch Lg7—c3: einen Bauern gewinnen, ja sogar zwei Bauern durch Tb8—b2:, Tb1—b2:, Lg7—c3:, Dd2—c1, Lc3—b2:, Dc1—b2:, Dc4—a4:. Weiß würde aber dann mit Db2—b7 antworten und die c-Bauern angreifen. Schwarz zieht deshalb vor, seinen Plan fortzusetzen. In der nun erreichten Stellung (Diagramm 62) hat Schwarz nur einen Zug, zweifellos aber beträchtlich Raum gewonnen. Alle seine Figuren bestreichen offene Reihen und Linien, während die Dame im Zentrum steht. Schwarz schätzt diesen Vorteil höher als den Gewinn eines Bauern.

J. R. Capablanca.

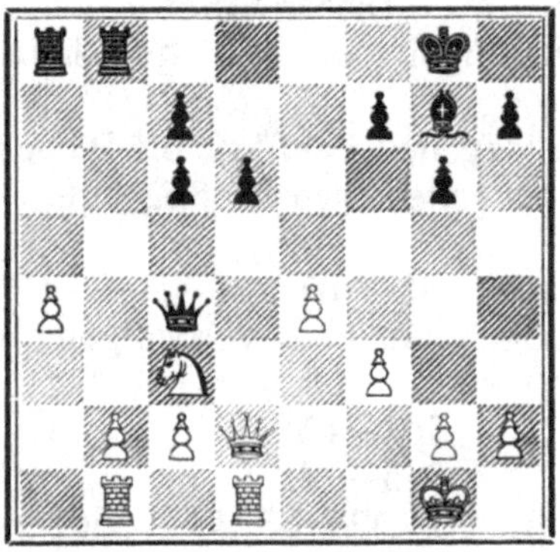

A. Niemzowitsch.
Diagramm 62.

10. Dd2—e3	Tb8—b4

Mit der Drohung Lg7—d4.

11. De3—g5	Lg7—d4†
12. Kg1—h1	Ta8—b8

Wegen drohenden Figurenverlustes muß Weiß die Qualität opfern.

13. Td1—d4:	Dc4—d4:

Das schwarze Spiel ist gewonnen.

Die schwarze Spielführung war glänzend, ein prächtiges Beispiel dafür, wie ein Zeitvorteil vergrößert werden kann. Dem großen Plane folgend, muß Zug auf Zug eine Drohung kommen, so daß die gegnerische Entwicklung gehindert und jeder Zeitgewinn des Feindes unterbunden wird. Das Schwierigste dabei sind die stillen Züge, die die Figuren von einem Angriffsfeld zum anderen zurücklegen müssen. Auch dies ist im vorliegenden Beispiel beachtet. Der Stellungswechsel wird mit der Entwicklung einer anderen Figur verbunden, die im gegebenen Augenblick die Drohung ausführt. Gefährlich ist die Umwandlung des Vorteiles in einem Element in einen solchen des anderen. Das wird hier in allmählichem Wechsel ganz ausgezeichnet behandelt. Alle unsere allgemeinen Bemerkungen über den Zeitvorteil sind hier illustriert. Sie werden noch deutlicher sein beim Betrachten eines Spieles mit vorhandenem Raumgewinn.

Vorteil im Raum.

Dem Spieler muß stets das gleiche Ziel vorschweben: einen vorhandenen Vorteil nicht zu verlieren, vielmehr ihn zu vergrößern und zum Sieg auszuwerten. Der Unterschied in der Erreichung dieses Zieles hängt von der Art der Elemente ab, wenn man in einem derselben einen Vorteil hat.

Einen Zeitvorteil kann man leicht verlieren und deshalb muß man in seinem Besitz sehr sorgfältig handeln. Dieser Vorteil kann nicht lange gehalten und nicht sehr vergrößert werden; er muß beizeiten in einen Vorteil in einem anderen Element verwandelt werden.

Beim Zeitvorteil erreicht man beide Ziele durch unablässiges Drohspiel, wodurch die Entwicklung der gegnerischen Figuren gehemmt und der eigene Vorteil vergrößert wird.

Anders liegt die Sache beim Raumvorteil, wo der Gegner in seiner Bewegungsfreiheit gehemmt und eine Bedrohung seiner Figuren nicht so unbedingt nötig ist. Man versucht vielmehr seine Figuren von wichtigen Feldern abzuschneiden. Es ist schwieriger einen Raumvorteil zu verlieren als einen Zeitvorteil. Um einen solchen Verlust zu vermeiden, hat man auf strategisch wichtige Punkte vorgerückte Figuren so viel als möglich zu stützen und nicht zurückzunehmen.

Bei Raumvorteil kann man auch einige drohungslose Züge tun, ja sogar die feindliche Entwicklung gestatten, weil der Gegner durch seine Züge nichts gewinnen kann, sind doch seine Felder beherrscht. Deshalb genügt es, um den Raumgewinn zu vergrößern, den Gegner ohne wirkliche Drohungen zu hemmen. Da sich der Raumvorteil immer mehr entwickeln kann, kann man auf den Versuch verzichten, ihn in einen Vorteil des anderen Elementes zu verwandeln. Das kommt von selbst, wenn der Gegner in zu arger Bedrängnis keinen anderen Weg als das Figurenopfer findet.

Dieser Augenblick ist sehr gefährlich. Das Opfer einer Figur oder eines Bauern kann für den Gegner das Entkommen aus dem eisernen Ring bedeuten und zu einem vernichtenden Durchbruch für den Spieler werden, der ursprünglich einen Raumvorteil besaß.

Einem Gegner mit Zeitvorteil wird der Moment gefährlich, wo er seinen Vorteil verwandeln muß, gefährlicher ist es bei Raumvorteil, wenn der angegriffene Gegner durch Aufgabe von Material sich aus der Umklammerung zu befreien trachtet.

Beispiele führen den Unterschied noch deutlicher vor Augen (Diagramm 63).

In bezug auf Kraft und Zeit stehen beide Gegner gleich, nur im Raum besteht ein Unterschied. Weiß hat zwei Mittelbauern und einen Springer auf der 4. Reihe, während die schwarzen Steine auf den ersten drei Reihen ihrer Seite stehen. Die schwarzen Figuren haben wegen der Drohung des Vorrückens der Mittelbauern keine günstige Entwicklungsmöglichkeit. Der Springer kommt nicht auf sein natürliches Feld f6 und der Läufer nicht nach g4. Der andere Läufer kann nicht auf dem Damenflügel operieren, weil er sonst das Zentrum und den Königsflügel schutzlos ließe, gegen den der weiße Angriff gerichtet ist.

Wie kann Schwarz sein Spiel entwickeln, womit kann er drohen? Er muß vor allem den Lc8 entwickeln. Nach d7 wäre ungünstig, weil ihm dort keine Diagonale zur Verfügung steht. So bleibt nur das Feld b7, womit er einen Gegenangriff gegen Be4, verstärkt durch Te8, einleiten kann. Rückt der e-Bauer vor, so steht dem Läufer und Springer das glänzende Feld f5 zur Verfügung. Auch droht der andere Läufer, den Springer zu fesseln und so ein starkes Feld einzunehmen.

J R. Capablanca.

Dr. Em. Lasker.
Diagramm 63.

Hat Weiß irgendwelche direkte Drohungen? Außer f4—f5—f6 keine und selbst diese kann nicht sofort verwirklicht werden. Des Weißen Streben muß dahin gehen, im Zentrum und am Königsflügel den Gegner zu bedrängen, seinen Drohungen zu begegnen und das Vorrücken seiner Figuren zu verhindern.

Schwarz hat eine unmittelbare Drohung Ld6—c5, um den Springer zu fesseln. Weiß kann dagegen vorbauend Kg1—h1 ziehen. Sollte Schwarz aber nun doch Ld6—c5 folgen lassen, so wäre Weiß gezwungen, den Springer wegzuziehen.

Weiß kann also durch sofortiges Sd4—b3 dem schwarzen Läuferangriff ausweichen. Dies ist aber ein merkwürdiger Zug. Weiß hat nicht nur keine Drohung, sondern muß auch eine vorgerückte Figur zurücknehmen. Bei Raumvorteil ist es wichtiger, dem Gegner keine Bewegungsfreiheit einzuräumen als ihn direkt zu bedrohen. Die Stellung des Sd4 böte Schwarz auch die Möglichkeit, mit Tempogewinn nach c6—c5 zu spielen und in der Folge den Läufer auf b7 zu entwickeln. So geschieht

1. Sd4—b3 ....

Weiß droht, wie wir sahen, f4—f5—f6. Lc8 kann nur nach b7 nach Vorrücken des Bb7 und c6 entwickelt werden. Das Letztere ist aber wegen des drohenden Läuferverlustes auf d6 unmöglich. Dieser Drohung zu begegnen und seine Figuren herauszubringen, spielt Schwarz

1. .... f7—f6

Nun kann Schwarz seinen Läufer nach e6 und sogar nach g4 entwickeln, denn er hat sich ein günstiges Rückzugsfeld nach f7 gesichert. Der Textzug hemmt das Vorgehen des weißen Freibauern, schafft aber eine Schwäche auf e6, woraus natürlich Weiß Vorteil schlagen will.

2. f4—f5 ....

Dadurch entstehen zwar Schwächen auf e4 und e5, aber der Zug schließt Lc8 und Se7 weiter ein und droht, e6 mit einem Springer zu besetzen.

2. .... b7—b6

Um den Läufer zu entwickeln. Es entsteht aber die Frage: sollte der Läufer nicht auf seiner ursprünglichen Diagonale bleiben, um das Feld e6 zu schützen? In diesem Falle war der Textzug unnötig. Auf Lc8—d7 würde 3. Lc1—f4 folgen, worauf Weiß ein blendendes Spiel durch Ta1—d1 erhalten würde. Der Hauptgedanke des Weißen ist jetzt die Festsetzung eines Springers auf e6, was auf dem Wege über d4 oder f4 gelingen kann. Vorher aber muß er den Ld6 beseitigen und spielt deshalb:

3. Lc1—f4 ....

Natürlich sollte Schwarz diesen Läufer nehmen, weil er den Abtausch nicht verhindern kann. Gestattet er dem Gegner das Schlagen, so schafft er sich eine neue Schwäche auf d6. Schlüge er selbst, so gewänne er mehrere Züge, da der weiße Tf4 Zeit brauchte, um ins Spiel zurückzukehren. Schwarz setzt seinen Plan ohne die nötige Aufmerksamkeit fort.

3. .... Lc8—b7
4. Lf4—d6: c7—d6:
5. Sb3—d4 ....

Nach 5 Zügen die erste weiße Drohung! Der Springer soll nach e6. Weiß hat während dieses Manövers einen Zug verloren, aber die gegnerischen Figuren, die schon vorher keine Züge hatten, noch mehr gehemmt. Schwarz hat die Möglichkeit der Drohung eines Angriffes auf Be4, er möchte aber auch das Festsetzen des weißen Springers auf e6 nicht zulassen. Zu diesem Zwecke muß er seinen c- und d-Bauern vorrücken.

Doch Sd4—e6, wodurch das Feld d8 bedroht wird, ist nicht zu verhindern. Der Turm muß schnell dorthin ziehen, um den d-Bauern zu schützen, der sonst durch den weißen Turm angegriffen und verloren gehen würde.

5. .... Ta8—d8
6. Sd4—e6 Td8—d7

Merkwürdig ist, daß sich Weiß, nachdem er sein Ziel erreicht hat, gegenüber Schwarz um drei effektive Züge im Nachteil befindet. Allerdings bedeuten diese Züge — das Vorgehen der Damenflügelbauern — nicht viel und Weiß besitzt immer noch einen Vorteil, ein Beweis für den Satz, daß ein Zeitgewinn oft mit Raumverlust verbunden ist.

Weiß greift nun natürlich den schwarzen Punkt d6 an.

7. Ta1—d1 ....

Schwarz kann den Bauern entweder durch Deckung oder durch Vorstoßen retten. Ihn vorzurücken ist unmöglich, weil darauf ein isolierter Bauer entstünde, der von beiden weißen Türmen bedroht wird. Den zweiten Turm kann Schwarz zur Verteidigung nicht heranbringen. Er muß deshalb erst c6—c5 ziehen, um das Feld d5 mit dem Läufer zu beherrschen und nicht mit dem Bauern. Weiß würde gegen die Schwächung des Bf5 vorbeugend g2—g4 ziehen müssen. Die Fortsetzung könnte sein: 8. ...., d6—d5; 9. e4—d5:, Lb7—d5:; 10. Sc3—d5:, Td7—d5:; 11. Se6—c7, Td5—d1:; 12. Tf1—d1:, Te8—c8; 13. Td1—d7 und gewinnt.

Daraus ergibt sich, das Schwarz seine Idee nicht verwirklichen kann und auf die passive Verteidigung zukommen muß, eine Frucht des weißen Manövers.

7. .... Se7—c8
8. Tf1—f2 b6—b5
9. Tf2—d2 Td7—e7
10. b2—b4 ....

Die Drohung c6—c5 zu parieren.

10. .... Kg8—f7
11. a2—a3 ....

Liegt da nicht ein großer Unterschied vor im Vergleich zu dem zuletzt gegebenen Beispiel? Schwarz kann nicht ziehen und Weiß befestigt seine Stellung, um später einen entscheidenden Angriff zu beginnen, eine Taktik, die nur beim Raum-, nicht aber beim Zeitvorteil anwendbar ist.

Nun kommt der entscheidende Augenblick. Schwarz kann die Qualität für einen Bauern hergeben (Te7—e6:; 12. f5—e6:, Te8—e6:) und durch die Bedrohung des Be4 beträchtliche Chancen gewinnen. Zum Beweis dieses Opfers hätte die Partie zu Ende gespielt werden müssen. Jedenfalls ist wichtig, daß Schwarz nach dem Tausch einen Läufer, einen Bauern und drei Züge für den weißen Turm hätte, während sich der weiße Raumvorteil verflüchtigt hat. Wählt Schwarz diesen Weg nicht!, so steht außer Zweifel, daß er sich ganz dem Gegner ausliefert, der ihm jetzt seinen Willen aufzwingt.

11. .... Lb7—a8
12. Kg1—f2 Te7—a7
13. g2—g4 ....

Jetzt beginnt die entscheidende Phase, es kommt zu einer Stellung, in der ein Partner in allen drei Elementen im Vorteil ist. Weiß muß irgendwo durchbrechen und Schwarz kann es nicht verhindern.

13. .... h7—h6
14. Td2—d3 a6—a5

Nutzlos, denn das Öffnen der Reihe schlägt zugunsten des stärkeren Spielers aus.

15. h2—h4 a5—b4:
16. a3—b4: Ta7—e7
17. Kf2—f3 Te8—g8
18. Kf3—f4 g7—g6
19. Td3—g3 g6—g5†
20. Kf4—f3 Sc8—b6
21. h4—g5: h6—g5:

Die Fortsetzung ist für uns kaum von Interesse, weil Schwarz seinen Zeitvorteil verloren hat und kein Spielobjekt hat, während Weiß in der Zertrümmerung der feindlichen Stellung fortfährt

22. Tg3—h3 Te7—d7
23. Kf3—g3 Kf7—e8
24. Td1—h1 La8—b7
25. e4—e5 ....

Der entscheidende Durchbruch, Weiß gibt seinen schwachen Bauern auf, um den Springer an dessen Stelle zu setzen, von wo dieser zum Angriff auf den König und beide Türme vorgehen kann.

25. .... d6—e5:
26. Sc3—e4 Sb6—d5
27. Se6—c5 Lb7—c8
28. Sc5—d7: Lc8—d7:
29. Th3—h7 usw.

F. J. Marshall.

J. R. Capablanca.
Diagramm 64.

Diese Partie ist ein prächtiges Beispiel, wie der Raumvorteil allmählich vergrößert und der Gegner gehindert wird, die Freiheit zu erlangen. Der Mangel an Drohungen ist auch hier charakteristisch, weil sich das Spiel fast auf das ganze Brett erstreckt, obgleich der Hauptangriff im Zentrum und auf dem Königsflügel stattfindet.

Nehmen wir nun ein anderes Beispiel, wo sich der Angriff schneller und auf einem enger begrenzten Raum abspielt. Wir haben dann zwei Spielführungen kennengelernt und sehen die Ausnützung eines Raumvorteils (Diagramm 64).

Wir können uns jetzt kürzer fassen in der Annahme, daß der Leser die Hauptpunkte des Spieles kennt, wie er eine Stellung beurteilen, ihren Charakter ermitteln und den Plan aufbauen muß.

An Kraft und in der Zeit stehen die beiden Partner gleich, doch besitzt Weiß einen beträchtlichen Raumgewinn am Königsflügel. Der schwarze König steht auf dieser Seite und seine Figuren sind dort dicht zusammengedrängt. Auch besitzt Weiß die offene h-Linie, die ihm zum Angriff von Nutzen sein kann. Die schwarzen Mittelbauern sind deckungsbedürftig und daher nicht sehr stark. Wie kann Weiß seinen Vorteil ausnützen? Durch Verdoppelung der Türme auf der h-Linie, was nach Herausbringen des Lc1 möglich wird. Geht der Läufer nach d2 oder nach e3, so wäre sofort der Be4 verloren. Dies ist die erste schwarze Drohung; die zweite aber strebt, die h-Linie durch Lg6—f5:, g4—f5:, Te6—h6 zu verschließen. Deswegen kann Lb5 nicht über a4 nach b3 gebracht werden, um den Bd5 anzugreifen

Weiß kann aber jetzt einen Bauern durch Lc1—g5:, Dd8—g5:; 2. e4—d5: gewinnen. Falls Lg6—f5:, so 3. d5-e6:, Lf5—g4:; 4. De2—e3 (nicht e6—f7+, denn dann gewinnt Schwarz schnell durch Kg8—f7:; 5. De2—e3, Lg4—h3† und Matt in zwei Zügen) und Weiß hat die Qualität für einen Bauern. Wenn Schwarz im zweiten Zuge die Qualität nicht opfert, sondern 2. ...., Te6—f6 zieht, folgt 3. d5—c6:, Lg6—f5: (falls b7—c6:; 4. Sf5—e7† und gewinnt); 4. c6—b7: mit überlegenem Spiel. Schwarz kann aber in der ersten Variante 4. ...., Dg5—g6 mit gutem Angriff und einem Bauern für die Qualität spielen. Er kann auch statt 3. ...., Lf5—g4:; 3. ...., Lf5—e6: wählen, um so eine glänzende Stellung für den Qualitätsverlust zu erhalten. Wir haben also hier den Moment, wo ein Spieler, um seine Bewegungsfreiheit wieder zu erlangen, Material aufgibt. Wahrscheinlich würde Weiß, wenn er das Opfer annimmt, doch gewinnen, wenn er auch vorübergehend die Initiative an den Gegner abzutreten hat. Wie muß Weiß spielen, um das Heft in der Hand zu behalten?

Sein Ziel muß sein, den Lc1 zu entwickeln und den Lb5 auf die Diagonale a2—g8 zu bringen. Ferner strebt er die Türme oder einen Turm und die Dame auf der h-Linie zu verdoppeln, um den Gegner am Gewinn des e-Bauern und der Schließung der offenen h-Linie zu hindern.

Alle diese Pläne können durch einen schneidigen Angriff auf Sg5 verwirklicht werden. Der Springer kann nicht nach h7 zurück, weil die auf der h-Linie verdoppelten Türme ihn zum Angriffsobjekt nehmen würden; ein Versuch, diesem Angriff zu entrinnen, könnte das Matt auf h8 zur Folge haben. Deshalb muß Sg5 gestützt werden, was nur durch f7—f6 möglich ist. Nachteilig wäre dabei, daß der Bf6 dem Turm den Weg nach h6 zur Abriegelung der h-Linie versperren würde. Auch würde der Bauernzug die Diagonale a2—g8 für Weiß öffnen und den Angriff auf Bd5 sowie Te6 ermöglichen. Das

Vorziehen des Bd5 oder das Schlagen des Be4 verbietet sich damit gleichzeitig: Verlust der Qualität und ein starker Angriff wäre die Folge. Schwarz muß Bd5 decken, während Weiß die Verteidigung des Be4 aufgeben und so den Lc1 entwickeln kann, was ihm augenblicklich wegen der Schwäche auf e4 versagt ist. Der Entwicklung des Läufers kann die Turmverdoppelung auf der h-Linie folgen.

So entfaltet sich vor unseren Augen der erste Teil des weißen Planes: das Verdoppeln der Türme, die Entwicklung des Lc1 und die Besetzung der Diagonale a2—g8 durch Lb5. Der ganze Plan ist fast ohne Drohung durchzuführen. Mit Ausnahme des ersten Zuges droht Weiß überhaupt nichts, aber indem er die schwarzen Figuren niederhält, kommt er allen Drohungen zuvor und beraubt sie der Möglichkeit der Entwicklung.

Wir geben eine Reihe von Zügen:

1. De2—e3 f7—f6
2. Lb5—a4 Sc6—e7
3. La4—b3 c7—c6
4. De3—g3 a7—a5

Nicht um den Lb3 anzugreifen, was Weiß leicht verhüten kann, sondern von a7 aus mittels des Turmes den bedrohten Königsflügel zu decken. Ta8—c8 genügt nicht, weil Lc1—e3 indirekt den Ba7 angreift. Um diesen zu decken, wäre b7—b6 nötig, worauf Weiß mit a2—a4 — droht a4—a5 — fortfahren kann.

5. a2—a4 Sg5—f7
6. Lc1—e3 b7—b6

Mit der bereits erwähnten Absicht, den Turm auf die 7. Reihe zu ziehen und Le3—c5 zu verhindern.

7. Th1—h4 Kg8—f8
8. Ta1—h1 Se7—g8

Der erste Teil des Planes ist ausgeführt. Die Stellung ist blockiert und die weißen Figuren besetzen die ihnen zukommenden Felder. Gleichzeitig wird allen schwarzen Drohungen die Spitze abgebrochen. Weiß hat ohne Raumverlust zwei Züge gewonnen. Wie im vorigen Spiel verhindert hier Weiß die Entwicklung der feindlichen Figuren ohne jede Drohung; er gewinnt damit Zeit und gleichzeitig Raum.

Die schwarze Stellung ist aber keineswegs schon erschüttert. Was kann Weiß dazu tun? Er muß sich die gegnerischen Schwächen zunutze machen, d. i. vor allem die schwache Stellung des undeckbaren Bd5, dann aber auch jene des Königsflügels, insonderheit des Punktes g6. Augenblicklich besetzt der Läufer dieses Feld und hindert die Türme nach h7 vorzudringen. Alle schwarzen Figuren sind zur Verteidigung herausgebracht. Von den weißen Figuren beteiligt sich Le3 nicht am Angriff; um ihn ins Spiel zu bringen, muß eine Attacke gegen h6 gerichtet werden.

Nun geht der weiße Plan dahin, Lg6 zu vertreiben und Schwarz zu zwingen, eine Figur auf h6 zu stellen. Mit Hilfe eines Angriffes auf Bd5, der augenblicklich nicht gedeckt werden kann, gelingt dies. Schwarz droht jedoch, diesen Bauern dem Läuferangriff zu entziehen, indem er Te6 aus der gefährlichen Diagonale entfernt. Weiß muß das verhindern und kann deswegen den Angriff auf Bd5 nicht länger hinausschieben.

Man beachte, daß Weiß außer im ersten Zuge nur mit fernliegenden Drohungen arbeitet. Welch ein Unterschied zu den Stellungen mit Zeitvorteil, wo die entfernten Drohungen von direkten begleitet sind!

9. Dg3—f3	Lg6—f5:
10. g4—f5:	Te6—d6
11. Df3—h5	Ta8—a7
12. Dh5—g6	....

Die weißen Felder sind die wichtigsten, das Fehlen des schwarzen Damenläufers macht sich bemerkbar. Jetzt droht Th4—h7 mit Angriff auf Bg7.

12.	Sf7—h6

Nun steht auf h6 eine Figur, die es ermöglicht, Le3 ins Spiel zu bringen! Nicht die verdoppelten Türme, sondern der die Diagonale bestreichende Läufer spielt die Hauptrolle.

13. Th4—h6:	g7—h6:
14. Le3—h6 +	Kf8—e7
15. Dg6—h7†	Ke7—e8
16. Dh7—g8 +	Ke8—d7
17. Dg8—h7†	Dd8—e7
18. Lh6—f8	De7—h7:
19. Th1—h7 +	Kd7—e8
20. Th7—a7:	Schwarz gibt auf.

Beim Vergleich der gegebenen Beispiele sahen wir deutlich die Unterschiede zwischen Spielen mit Vorteilen in verschiedenen Elementen. Wir lernten daraus die Erhaltung und Vergrößerung der Vorteile. Das Öffnen der Linien und ihre Ausnützung, das Besetzen wichtiger Diagonalen, die Schaffung von Schwächen („Löchern") im feindlichen Spiel, das Fesseln der feindlichen Figuren und ihre Vertreibung auf wirkungsarme Felder, die Verbindung von fernliegenden und unmittelbaren, direkten und indirekten, wirklichen und scheinbaren Drohungen. All dies ist in den gegebenen Beispielen gezeigt worden.

Die folgenden Studien werden deutlicher zeigen, wann und in welchen Stellungen die verschiedenen Methoden angewandt werden müssen. Wir können dies jetzt nicht weiter ausführen, sondern müssen zum nächsten Kapitel übergehen, wo wir von unterlegenen Stellungen, verteidigungsweisen und passiven Spiel zu sprechen haben werden.

Kapitel III.

Schwächere Stellungen.

Einleitung.

Wenn wir von schwächeren Stellungen reden, haben wir solche im Auge, wo die größere Zahl von Vorteilen in der Hand des Feindes liegt, der seinen Plan ausführen und die Gegenpartei zwingen kann, sich seinem Willen zu fügen. Es kann aber der Fall zutage treten, daß die schwächere Partei, obwohl unter dem Drucke der stärkeren, doch einen energischen Angriff einleitet. Sie tut dies im Vertrauen auf einen besonderen Vorteil ihrer eigenen Stellung. Bei geringem Vorteil des Schwächeren muß der Gegner die Verwirklichung seines Vorteils versuchen und dem Angriff zuvorkommen. In der Praxis fällt es nicht immer leicht abzuschätzen, wer den größeren Vorteil inne hat, so daß noch oft Fehler vorkommen, aber bei unseren theoretischen Studien ist eine richtige Abschätzung möglich. Wir erläutern deshalb nur wirklich schwache Stellungen. Fälle mit geringem Vorteil erwähnen wir im Kapitel IV, wo gleichwertige Stellungen zur Besprechung kommen. Wir lassen auch jene Stellungen außer acht, wo auf einer Seite enorme Vorteile offenbar sind, denn dann ist es ja besser, das Spiel aufzugeben.

Unsere Aufmerksamkeit muß Stellungen gewidmet sein, die trotz ihrer Mängel noch verteidigungsfähig sind. Natürlich muß der Aufbau des Verteidigungsplanes von einer Abschätzung abhängig gemacht werden. Beim Betrachten der eigenen Schwächen, hat man sich zu befragen, ob der gegnerische Vorteil zum Gewinn ausreicht, oder durch beträchtliche Vergrößerung zum Gewinn geführt werden kann. Die Antwort auf diese Frage erleichtert die Fortsetzung des Spiels. Genügt der Vorteil zum Gewinn nicht, so ist das Ziel des Spieles klar, nämlich die eigene Stellung nicht zu verschlechtern. Reicht der Vorteil zum Siege aus, so wagt man zum Vermeiden des Verlustes komplizierte Manöver. In der Praxis kann ein in Nachteil geratener Spieler immer noch auf Gewinn spielen, in der Theorie haben wir nur zu studieren, wie wir die Vergrößerung vorhandener Schwächen verhindern und uns nach Möglichkeit von ihnen befreien.

Wir beachten keine Fälle, wo aus schlechten Stellungen der Gewinn herausgeholt wird, was, abgesehen von Zufall oder einem groben Fehlzug des Gegners, nur geschieht, nachdem sich die Stellungen ausgeglichen haben, d. h. von dem Augenblick an, wenn sie in den Gesichtskreis gleichwertiger Stellungen fallen.

Mit der Äußerung, daß die schwächere Partei sich dem Willen des Gegners beugen müsse, soll nicht gesagt sein, daß alle seine Züge erzwungen seien und er keine Auswahl habe. Im Gegenteil, bei allen gebrachten Beispielen gab es eine Auswahl in verschiedenen Methoden der Verteidigung. Ist der schlechter stehende Partner zu Zwangszügen verurteilt, so kann seine Stellung als verloren bezeichnet werden; so lange er keine freie Zugwahl hat, steht er auch ohne Chance im Spiele. Wir erbrachten schon den Beweis, daß Zwangszüge eine Stellung als kritisch erscheinen lassen.

Das Ziel der Verteidigung muß stets die Zerstörung des gegnerischen Einflusses auf die eigenen Züge sein. Die Methode zur Erreichung dieses Zieles hängt naturgemäß von der Stellung und von den Elementen ab, in denen sich des Gegners Vorteil ausspricht. Bei gegnerischem Raumvorteil, wo der Gegenspieler ohne direkte Drohung die schwächere Partei erdrückt und deren Züge unwirksam macht, empfiehlt sich am ehesten eine Ablenkung auf der entgegengesetzten Seite, um der Vernichtung der eigenen bedrohten Flanke entgegenzuwirken. Hemmt der Gegner im Besitz von Zeitvorteil die Entwicklung der eigenen Figuren, so heißt es sich decken, den feindlichen Angriff aufreiben und die eigenen Drohungen fortsetzen. Nur auf diesem Wege können wir seine Figuren behindern. Nirgends tut ein weitberechneter Plan so not als in der Verteidigung: es genügt nicht, sich von Zug zu Zug zu decken und damit dem feindlichen Ansturm nachzugeben. Da der schwächere Spieler unter dem Einfluß des überlegen Stehenden handeln muß, so ist es für ihn erstes Gebot, die feindlichen Drohungen zu erkennen und über sie voll im klaren zu sein.

Bei überlegenen Stellungen war es Bestreben des Stärkeren, die gegnerischen Drohungen zu entdecken, um sie zu rechter Zeit unwirksam zu machen und den eigenen Plan durchzusetzen. In unterlegener Stellung muß die schwächere Partei ihren Plan den Drohungen des Gegners anpassen. Vor allem entsteht die Frage der Art der Verteidigung. Wenn im letzten Beispiel Schwarz die Bedeutung des Lg6 richtig erkannt hätte, würde er dessen Abtausch nie zugegeben haben. Schwarz wiegte sich in anderen Hoffnungen und glaubte, der Verteidigung durch Ta8—a7 Genüge getan zu haben. In Wirklichkeit nahm dieser Turm an der Verteidigung nicht teil und war in seiner Stellung eine der Hauptursachen des Verlustes. Ungedeckt stand er auf seinem Posten und gewährte dem Gegner die entscheidende materielle Überlegenheit. Um den Plan des Gegenspiels zu entwickeln, hat man den gegnerischen Plan genau zu analysieren, seine Drohungen zu erkennen und abzuwehren. So bietet sich die Möglichkeit, einen eigenen Plan wirksam durchzuführen.

Die Erkenntnis, ob der gegnerische Vorteil zum Gewinn ausreicht oder nicht, haben wir bereits in ihrer Bedeutung gewürdigt. Wir müssen klar sehen, ob der Feind den Gewinn im Mittel- oder Endspiel zu erreichen vermag, und darnach die Spielführung einrichten. Es gilt zu ermitteln, welche Endstellung erfolgreich verteidigt werden kann. Damit hängt die Frage zusammen, auf welche Schwächen unserer eigenen Stellung wir das Hauptaugenmerk zu richten haben.

Oft ist ein Bauern- oder Qualitätsverlust unvermeidlich. In jedem Falle sind wir vor die Entscheidung gestellt, welches Material herzugeben ist, wann und wo.

Mit einem Wort, das Spiel mit schwächerer Stellung ähnelt sehr dem Charakter des Spieles mit Überlegenheit und die beigebrachten Beispiele von Stellungen, wo eine Seite im Vor- und die andere im Nachteile sich befindet, würden genügen. Doch sind noch einige beigefügt worden, um die korrekte Führung der Verteidigung darzutun. Der Überlegene versucht seinen Vorteil zu verwirklichen und zu vergrößern und den feindlichen Drohungen zuvorzukommen, der schwächere aber muß die Durchführung des feindlichen Planes verhindern, die Drohungen entkräften und wenn möglich, die ihn fesselnde Macht zerstören, während er an der Überwindung eigener Schwächen arbeitet.

Nun entstehen die Fragen: wie können wir bei gegnerischem Vorteil in verschiedenen Elementen die Verdichtung unserer eigenen Schwächen zur Niederlage vermeiden und überwinden? Weiterhin, wie können wir uns gegen den feindlichen Plan wehren und seine Drohungen zunichte machen? Welcher Plan verschafft uns die eigene Handlungsfreiheit, wie können wir das Endspiel herbeiführen oder wann müssen wir an möglichst unveränderter Stellung festhalten und dem Gegner die Wahl des Weges zum Siege überlassen, d. h. ihn den Nachweis der Gewinnmöglichkeit erbringen lassen?

So haben wir folgende Fälle:

1. passive Verteidigung, natürlich nicht völlig ohne jede Initiative, die dann ins Spiel gebracht werden muß, wenn die Stellung sehr schlecht ist.

2. Gegenangriff, der häufig bei materieller Unterlegenheit geboten sein wird, und endlich

3. Manövrieren bei unbedeutenden Stellungsunterschieden. Dies gehört in den Abschnitt, der über gleichwertige Stellung handelt.

Alle diese Möglichkeiten werden in der bisher beibehaltenen Reihenfolge der drei Elemente betrachtet. Wir analysieren nicht jeden Fall in jedem Element, sondern wählen typische Beispiele.

Um bereits öfter Gesagtes zu wiederholen: es gibt nicht viele Fälle, in denen die typischen Merkmale klar hervortreten, weswegen wir individuelle Eigentümlichkeiten unbeachtet lassen und komplizierte Fälle in ihre Einzelheiten auflösen. Wir können nicht alle Fälle durchgehen und müssen dies Gegenstand späterer Studien sein lassen. Jetzt beschränken wir uns auf einige typische Fälle.

Unterlegenheit an Kraft.
(Materielle Unterlegenheit.)

Mit weniger Material hat man zwischen passiver Verteidigung und einem aktiven Vorgehen zu wählen. Hat man absichtlich eine Figur oder einen Bauern im Interesse des Angriffes geopfert, so fällt die Frage fort. Sie bleibt nur dann bestehen, wenn die Figuren unfreiwillig hergegeben werden mußten. Dann ist die größte Vorsicht geboten, um das Spiel nicht zu verlieren und jene Methode anzuwenden, die den Feind am meisten behindert. Wir sprachen bereits von der Wichtigkeit der Erkenntnis, ob der Gegner nach Lage der Dinge im Mittel- oder Endspiel zu gewinnen größere Aussicht hat, und der Notwendigkeit, das Spiel darnach einzurichten. Schwierigkeit bereiten die Fälle, in denen der Vorteil im Mittelspiel auch in das Endspiel hinübergebracht werden kann. Dann muß solch ein Plan gefunden werden, der den Vorteil des Mittelspiels nach Möglichkeit ausgleicht, dem Endspiel aber aus dem Wege geht.

J. R. Capablanca.

J. Mieses.
Diagramm 65.

In dem vorstehenden Diagramm 65 hat Schwarz die Qualität gegen einen Bauern verloren. In bezug auf den Raum sind die Stellungen annähernd ausgeglichen, obgleich der schwarze Mittelbauer einen geringen Vorteil gewährt. Dagegen hat Weiß zwei Züge mehr. So besteht der Unterschied nur im Material, der Turm ist stärker als der Läufer und Bauer, ein Zustand, der sich bis zu Ende beibehalten lassen wird.

Welcher Plan steht Schwarz zur Verfügung? Natürlich nur einer, nämlich am Damenflügel einen Freibauern zu erlangen, der, verstärkt durch den Läufer, dem feindlichen Turm entgegenarbeiten wird. Welche Drohung hat Weiß? Augenblicklich den f-Bauern vorzurücken und mit den Bauern des Königsflügels anzugreifen. Schwarz muß dies verhüten und in Verbindung mit dem erwähnten Plan den Läufer auf den bedrohten Flügel bringen. So folgt:

1. .... Lc5—e7
2. Td2—e2 Le7—f6
3. Df3—h5 ....

Natürlich ungünstig, weil die Dame außerhalb des Spieles kommt. Besser wäre der Angriff durch g2—g4, Df3—g3, h2—h4, g4—g5 usw. fortgesetzt worden.

3. .... h7—h6
4. g2—g4 Kg8—h7

Um h2—h4 zu verhindern: dies wäre jetzt wegen Damenverlust durch g7—g6 unmöglich. Durch diesen Zug deckt Schwarz seinen bedrohten Flügel und ist imstande, mit allen Kräften am Damenflügel zu operieren. Er hat auch Gelegenheit zum Angriff, da die weiße Dame außerhalb des Spieles steht. Daher wäre es für Schwarz unklug, bei passiver Verteidigung zu bleiben. Weiß würde die Dame zurückziehen und den Angriff wiederholen, könnte aber auch versuchen, das Spiel ins Endspiel überzuleiten. Vier Züge früher hatte Schwarz nur die Absicht, einen Freibauern mit Unterstützung des Läufers am Damenflügel zu erlangen, jetzt fordert aber der Fehlzug des Weißen den energischen Angriff geradezu heraus.

5. Kc1—b1 Ta8—d8
6. Te1—d1 c6—c5
7. Dh5—h3 Dd7—a4

Bringt die Dame ins Spiel und gestattet den Bauern ein weiteres Vorgehen, gleichzeitig greift die Dame den Turm an und bedroht den g-Bauern, wodurch die weiße Dame gehemmt wird.

8. Te2—d2 Da4—e4†
9. Kb1—a1 b7—b5

Der entscheidende Moment! Schwarz könnte sein ursprüngliches Ziel, den Freibauern mit 9. ...., d5—d4 erreichen, würde aber dadurch den eigenen Läufer festsetzen, während der Bauer durch den gegnerischen Turm aufgehalten werden könnte. Im Anfang genügte dies, jetzt aber muß Schwarz alle Möglichkeiten ausschöpfen. Der Textzug droht b5—b4 und stellt gleichfalls einen Freibauern in

Aussicht, ohne den Läufer zu blockieren. Auch bietet er die Möglichkeit eines direkten Angriffes.

10. Dh3—g2 De4—a4

Natürlich geht Schwarz dem Damentausch aus dem Wege, weil dieser alle seine Angriffe beenden würde.

11. Ka1—b1 b5—b4

Damit können wir diese Stellung verlassen. Schwarz, der die Qualität weniger hatte, mußte aus passiver Verteidigung heraus zu aktivem Spiel und einem starken Angriff übergehen, den er mit einem Opfer beginnt und fortführt. Dieses Beispiel zeigt uns, wie der Unterlegene die Initiative ergreift und mit schwächeren Kräften einen Angriff durchführt.

Hier ist noch etwas zu beachten, wenn der Unterlegene ins Endspiel eintritt. Welche Figur kann er hergeben, welches Endspiel hat er zu wählen, vorausgesetzt, daß er überhaupt eine Wahl besitzt? Hier spielt die Kenntnis des Endspiels die Hauptrolle. Wir müssen den Weg sehen, der der schwächeren Partei ein günstiges Ende verheißt.

Dr. Em. Lasker.

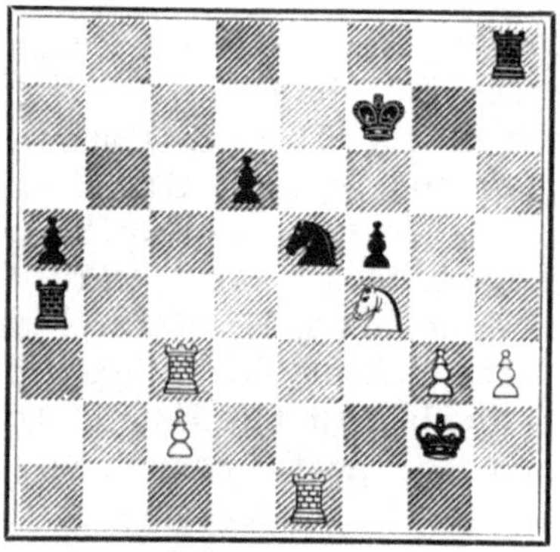

C. Schlechter.
Diagramm 66.

In Diagramm 66 besteht materielles Gleichgewicht, doch ist Schwarz gezwungen, einen Bauern oder die Qualität herzugeben. Die schwarze Unterlegenheit tritt offensichtlich zutage.

Das Spiel nahm folgenden Fortgang:

1. Tc3—c7† Kf7—f6

Schwarz darf die 8. Reihe wegen 2. Tc7—c8†, bzw. Sf4—g6† nicht betreten.

2. Sf4—d5† Kf6—g5

Falls Kf6—e6, so 3. c2—c4, mit Mattdrohung, Th8—e8; 4. Tc7—h7 und gewinnt.

3. h3—h4† Kg5—h6

4. Sd5—e7 ....

Nun steht Schwarz in einem kritischen Augenblick vor schwerer Wahl. Einer seiner drei isolierten Bauern wird angegriffen, und der zweite auf d6 mit dem nächsten Zug bedroht. Beide kann er nicht decken und muß entscheiden, welchen er aufgibt, um dem Gegner die meisten Schwierigkeiten zu bereiten.

Da wir uns mit dem Studium des Endspiels nicht beschäftigen, haben wir ein Beispiel gewählt, das leichtverständlich und überzeugend wirkt. Es ist klar, daß Schwarz Bf5 nicht aufgeben darf, denn sein Verlust wäre gleichbedeutend mit dem Verlust der Partie, weil Weiß auf diese Art zwei Freibauern erhält. Deshalb muß dieser Bauer gedeckt und auf Kosten aller anderen Bauern gehalten werden.

4.	Th8—f8
5. Te1 – d1	....

Nun richtet sich der Angriff gegen einen Bauern, der nicht gut gedeckt werden kann. Schwarz trachtet ein Endspiel herbeizuführen, in dem der Verlust eines Bauern weniger fühlbar ist, nämlich mit Turm und Bauern ohne Springer.

5.	Tf8 – f7
6. Td1—d6‡	Se5—g6
7. Td6—e6	Kh6 – h7
8. Te6—g6:	Tf7—e7:
9. Tg6—c6	Te7—c7:
10. Tc6—c7‡	Kh7—g6
11. Tc7—c6†	Kg6—f7

Schwarz hat das angestrebte Endspiel herbeigeführt. Was müssen wir sagen, wenn er einen zweiten Bauern freiwillig preisgibt, um zu einem Unentschieden zu kommen?

12. Kg2—f3	Ta4 e4
13. Tc6 – c5	Kf7 – f6
14. Tc5—a5:	....

Und dieses Endspiel wurde unentschieden! Schwarz hatte also Erfolg, indem er den Schlüsselpunkt der Stellung Bf5 hielt.

Die beiden Beispiele beweisen, wie man materiellen Nachteil durch Herbeiführung des Endspiels mittels Verteidigung und Angriff ausgleicht.

Nachteil in der Zeit.

Ähnliches ist auch möglich, wenn sich die Unterlegenheit in der Zeit äußert. Auch dann kann der Nachteil mit Materialaufgabe verwandelt werden, um ein bestimmtes, vorher genau berechnetes Endspiel zu erlangen. Der Überlegene muß sich bewußt sein, daß er seinen Stellungsvorteil nicht allzu schnell in einen Materialvorteil umwandeln darf. Trotz seines mehr augenfälligen Charakters hat der letztgenannte Vorteil häufig weniger Wert als der andere.

Im Diagramm 67 ist die Zahl der effektiven Züge und das jedem Gegner zur Verfügung stehende Material gleich, Schwarz besitzt scheinbar einen Raumgewinn auf dem Damenflügel, in Wirklichkeit ist dies aber nicht der Fall. Schwarz hat nur eine Figur um einen Zug entwickelt und die Rochade vernachlässigt. Weiß hat zwei Figuren zum Angriff auf eine ungenügend gedeckte Figur entwickelt und droht einen Bauern zu gewinnen, in einigen Variationen sogar den Läufer. Infolge Vernachlässigung der Entwicklung bilden die Bauern des Damenflügels keinen Vorzug des schwarzen Spieles, sondern eine Schwäche, weil sie leicht von den feindlichen Türmen unter Feuer genommen werden können.

Schwarz muß sich schlüssig werden, wie er seine Bauern deckt, und für den Fall, daß er einen aufgeben müßte, welchen, wann und in Hinblick auf welches beabsichtigte Endspiel?

Dr. S. Tarrasch.

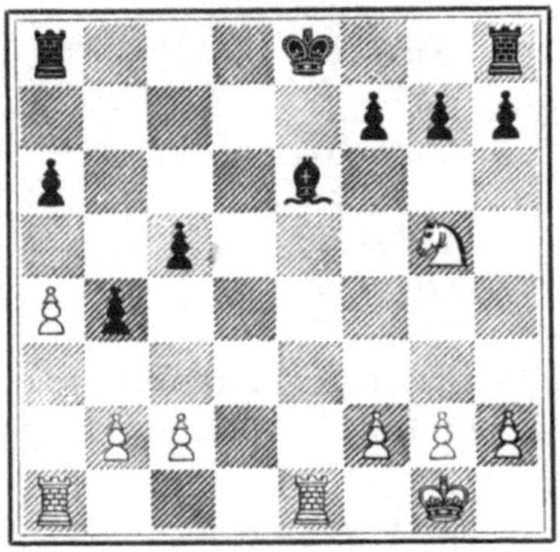

G. Maróczy.
Diagramm 67.

Nehmen wir an, daß Schwarz nicht alle Bauern retten könne, so entsteht sofort die Frage, welcher auszuliefern sei.

Angenommen, er gebe Bc5 auf, wie kann er dann den a- und b-Bauern decken? Es läßt sich nachweisen, daß auch diese fallen werden und aus diesem Grunde das Opfer von Bc5 unmöglich ist. Das Nächstliegende wäre die Aufgabe des Bf7 durch Ausführung der kurzen Rochade, dann aber wird Le6 abgetauscht und Bf7 erbeutet. Die Deckung der Damenflügelbauern bietet weitere Schwierigkeit. Auf jeden Fall fehlt dann nicht bloß ein Bauer am Königsflügel, sondern auch die Damenbauern sind schwach geworden. Schwarz muß die Letztgenannten im Auge behalten, entweder, um sie zu verstärken oder wegen ihrer vorgerückten Stellung zu einem Angriff zu benützen.

Damit ist der Plan gereift, den angegriffenen Läufer zu decken, das Tempo, welches Weiß zum Angriff auf den Läufer hergeben muß, auszunützen, um die Bauernstellung der Damenseite zu verbessern und erst dann den letzten wertvollen Bauern zu opfern.

1. .... Ke8—e7
2. Te1—e5 ....

Um Bc5 anzugreifen und die Turmverdoppelung zu drohen. 2. f2—f4 würde keine umittelbare Gefahr für den Gegner bedeuten, weil nach g7—g6; 3. g2—g4 Weiß 4. f4—f5 nicht droht; denn es folgte g6—f5:; 5. g4—f5:, Th8—g8 mit Angriff auf den weißen ungedeckten Springer, der vor dem König steht.

2. .... Ta8—c8
3. Ta1—e1 Tc8—c6
4. f2—f4 g7—g6

5. g2—g4 ....

Der entscheidende Moment ist gekommen: Weiß droht entweder den Läufer oder einen Bauern zu gewinnen, f4—f5 und Sg5—e4 mit einem Doppelangriff auf Bc5. Sollte Schwarz mit Th8—c8 decken, so werden seine beiden Türme gebunden und der Bauer wie vorher angegriffen. Deswegen spielt Schwarz

5. .... c5—c4

um den Bauern aus dem Bereiche des Te5 zu ziehen und weiteres Vorrücken beider Bauern anzudrohen.

6. h2—h4 ....

Will den Vorstoß f4—f5 vorbereiten.

6. .... h7—h6
7. Sg5—e6: Tc6—e6:
8. Te5—e6+ f7—e6:
9. f4—f5 g6—f5:
10. g4—f5: Ke7—f6
11. Te1—e6+ Kf6—f5:
12. Te6—a6: ....

Weiß hat einen Bauern gewonnen, freilich nur auf der Turmlinie. Der schwarze König hingegen ist ins Spiel gekommen und droht Bh4 anzugreifen. Auch hat Schwarz zwei starke Bauern am Damenflügel, die sich durch den Turm auf der 4. Reihe decken lassen, womit gleichzeitig ein Angriff auf Bh4 verbunden werden kann. Deshalb war für Weiß 6. Kg1—f2 dem Textzug h2—h4 vorzuziehen. Schwarz hat das Bestmögliche aus der Stellung herausgeholt, Weiß aber, der gewiß noch Gewinnaussichten hat, muß schwer darum kämpfen. Schwarz spielt nun Th8—d8 mit der Drohung Td8—d2 und hat damit ein gutes, freies Spiel.

E. Snosko-Borowsky.

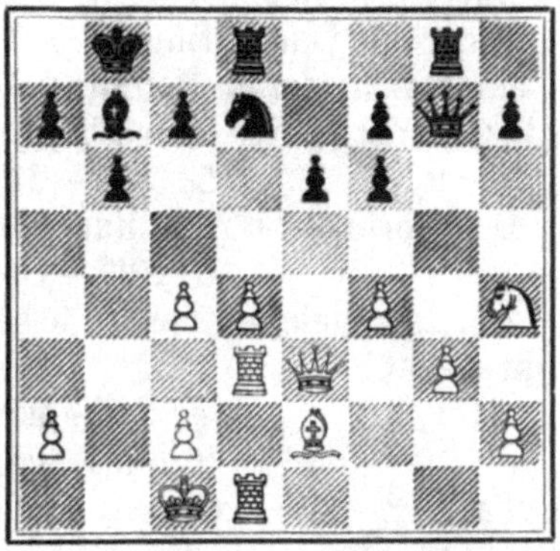

J. R. Capablanca.
Diagramm 68.

Betrachten wir nunmehr eine Stellung, wo das Endspiel ohne Frage herbeizuführen ist, ohne daß Material aufgegeben werden muß (Diagramm 68).

Weiß hat Raum- und Zeitvorteil, letzterer ist von entscheidender Bedeutung, weil die schwarze Dame und der Turm außer Spiel stehen und Weiß einen starken Angriff auf dem Damenflügel droht. Wie kann sich Schwarz dagegen wehren, ohne die Schwäche seiner

Stellung vergrößern zu lassen? Natürlich durch ein Verteidigungsspiel, denn Gegenangriffsmöglichkeit besitzt er wegen der ungünstigen Figurenstellung nicht.

Er könnte sich nur im Zentrum betätigen, doch ist dies gegenwärtig unmöglich und würde nichts bedrohen. Zuerst aber muß er jene Figuren, die außerhalb des Spieles stehen, ohne Schwächung seiner Stellung wieder zu Wirksamkeit bringen.

Weiß muß, da er im Zeitvorteil ist, jeden Zug mit einer Drohung verbinden.

1. Le2—f3 ....

Um den ungedeckten gegnerischen Läufer abzutauschen; kommt der Abtausch zustande, so bleiben auf a6 und c6 sehr schwache Punkte für Schwarz. Dies kann zwar nicht verhindert werden, doch geht das Streben dahin, kein Tempo zu verlieren.

1. .... Tg8—e8
2. Lf3—b7: Kb8—b7:
3. c4—c5 c7—c6

Es drohte c5—c6†.

4. Sh4—f3 Dg7—f8

Schwarz hat eine günstige Umgruppierung seiner Figuren vorgenommen, die Türme stehen ausgezeichnet und sogar die Dame nimmt durch den Angriff auf c5 am Spiel teil. In der Zeit ist er fast mit Weiß gleich, Raumvorteil hat keiner der Gegner. Weiß spielt energisch am Damenflügel. Schwarz hat einen schwachen Punkt auf d6, einen schwachen Bc6 und seine a-Linie ist nicht stark. Natürlich wird sich der weiße Angriff darauf richten.

5. Sf3—d2 b6—c5:

Der Springer strebt nach d6 und muß daran gehindert werden.

6. Sd2—c4 Sd7—b6

Mit dem gleichen Ziel. Wir sehen, wie Schwarz seinen schwächsten Punkt deckt.

7. Sc4—a5† Kb7—a8
8. d4—c5: ....

Falls 8. Sa5—c6:, so Sb6—d5 und c5—c4. Im allgemeinen betrachten wir jetzt die Verteidigung und nicht die Möglichkeiten von Weiß.

8. .... Sb6—d5
9. De3—d4 Td8—c8

Schwarz hat nun seine Stellung befestigt und die Zahl der effektiven Züge seines Gegners erreicht; nur im Raum hat Weiß noch einen Vorteil behauptet, weil er die Dame, einen Springer und zwei Bauern auf der 4. und 5. Reihe festgesetzt hat, während Schwarz nur einen Spriger im Zentrum hat. Dieser aber steht ausgezeichnet und gewährt schon einige Chancen, zunächst das Vorrücken des Be6 zum Angriff auf die Dame und in der Folge auf den Turm mit der weiteren Drohung eines Angriffes auf Td1. Der weiße Angriff hat einstweilen kein direktes Ziel; es ist vielleicht besser für Weiß, sich gegen die schwarzen Drohungen zu schützen und den Versuch zu wiederholen, seinen Springer auf d6 festzusetzen, indem er Sa5—c4 spielt. Diese Drohung wird aber Schwarz nicht besonders gefährlich: dieser spielt Tc8—b8 und besetzt die einzige offene Linie. Der entscheidende Moment ist gekommen. Wie wir bereits erwähnten, kann man dies behaupten, wenn der angreifende Teil seinen Vorteil in einem Element in einen anders gearteten Vorteil umwandelt oder wenn der Verteidiger zur Befreiung seiner Stellung Material ausliefert. Hier liegt ein anderer Fall vor: der Verteidiger geht von der passiven Abwehr zur aktiven über. Weiß greift Sd5 an (Diagramm 69).

E. Snosko-Borowsky.

J. R. Capablanca.
Diagramm 69.

10. c2—c4 ....

Der Springer steht im Schlüsselpunkt der schwarzen Verteidigungsstellung, verläßt er sein Feld, so wird die Verteidigung machtlos. Der Gegenangriff kann zuletzt weniger Aussicht haben als die rein passive Abwehr, ist er aber einmal von langer Hand vorbereitet, so bedeutet sein Aufgeben den Verzicht auf die Initiative.

So liegen die Dinge jetzt. Beginnt Schwarz seinen Angriff nicht, so unterwirft er sich ganz dem Willen des Weißen, daher geschieht:

10. .... e6—e5
11. Dd4—g1 e5—e4

Zieht der Turm weg, so kann Schwarz e4—e3 mit der Drohung e3—e2 oder noch stärker Df8—c5: antworten. Wir sehen, daß Weiß die Möglichkeit hat, die Qualität zu opfern, aber nicht, um seinen eigenen Angriff in Fluß zu bringen, sondern um den Gegenangriff zu ersticken.

12. c4—d5: e4—d3:
13. d5—d6 Te8—e2

Ohne Zweifel hat sich jetzt Schwarz nicht zu verteidigen, sondern greift an. Natürlich bedroht ihn der starke weiße Bd6, doch wiegt sein eigener Angriff diesen Nachteil auf, zumal ihm der Gewinn der Qualität auch zugute kommt.

Damit verlassen wir diese Stellung, weil sie für unsere Darlegungen kein Interesse mehr bietet. Die schwarze Verteidigung war auf passiven Widerstand eingestellt; Weiß verbesserte seinen Zeitvorteil, mußte aber dafür dem Gegner Raumvorteil einräumen. Als Weiß das ganze Verteidigungssystem seines Partners zu zertrümmern drohte, begann dessen Aktivität. Um diese erfolgreich einzuleiten, mußte erst die Deckung der schwachen Punkte vorgenommen werden (man beachte die Königsstellung, die Deckung des Bc6, das Heranziehen des anderen Turmes und der Dame zum Schutz der 7. Reihe). Die schwachen Punkte des Gegners sind im Auge zu behalten, sonst wird die Stellung seiner Figuren stets Drohungen während der Entwicklung des Gegenangriffes gestatten. Ist dies nicht der Fall, dann wird der Gegenangriff aussichtslos und der Feind wird seinen Angriff nur ein oder zwei Züge später wieder aufnehmen. Beim letzten Beispiel aber waren die schwarzen Drohungen so stark und ohne Unterlaß, daß Weiß nicht nur die Qualität opfern, sondern auch die Richtung seines eigenen Angriffes ändern mußte.

Wir kommen zum letzten Teil des vorliegenden Hauptstückes, zu Stellungen, wo die eine Partei unter Nachteil im Raume zu leiden hat.

Unterlegenheit im Raume.

Wie wir wissen, bedeutet Nachteil im Raume eine Einschränkung der Bewegungsfreiheit der eigenen Figuren, das Fehlen ihres Zusammenwirkens, die Unmöglichkeit, gute Felder zu besetzen, und schließlich den Mangel an Initiative und Drohungen, so daß der Gegner sein Spiel ruhig entwickeln, seine Figuren auf die wirkungsvollsten Felder stellen und mehr und mehr das eigene Spiel einengen kann.

Gibt es keinen Weg, zu einem aktiven Spiel überzugehen, so muß in einem derartigen Fall der Verteidiger die gefährlichste Schwäche seiner Position und die wichtigste Drohung des Gegners feststellen. Hat man beides klar erkannt, so gilt es, der Drohung zuvorzukommen und die eigene Schwäche aufzuheben. Beides muß verbunden werden, damit man nicht gegen die unwichtigen Hindernisse anstürme. Die Hauptfrage muß bleiben, die eigene Schwäche aufzuheben und ihre Vergrößerung durch den Gegner zu verhindern.

Die folgende Stellung gewinnt für uns besonderes Interesse (Diagramm 70). Sie ist in einem frühen Stadium, wo sich noch wenig Möglichkeiten für die beiden Partner bieten und das Ende ganz fraglich ist. Unschwierig erkennt man, daß der Hauptnachteil des Weißen gegenüber seinem Gegner in der schlechten Stellung des Ld2 besteht, der seinem Turm die Schlußlinie versperrt und nicht gut zu entwickeln ist. Er kann nicht nach c3, ebensowenig besteht die Möglichkeit, die Diagonale c1—h6 durch e3—e4 zu öffnen, weil Schwarz entscheidend Ld7—c5 erwidern würde. So bleibt nur das Dritte übrig, nämlich nach e1 zu gehen, den Bf2 vorzustoßen und den Läufer weiter nach f2 oder g3 zu entwickeln. Zu diesem Zwecke aber muß die Dame gezogen werden und zwar auf ein Feld, von dem aus sie Bb2 schützt, der in zwei Zügen durch den Springer angegriffen werden kann (Sd7—e5—c4). Wie kann endlich der Bf2 gezogen werden, ohne daß Be3 fällt? So schwierig ist die Entwicklung des Läufers!

O. Duras.

Dr. S. Tarrasch.
Diagramm 70.

Auch der weiße Sb3 steht schlecht, diese Schwäche hat aber keineswegs die Bedeutung der zuerst erwähnten. Die Hauptdrohung des Schwarzen haben wir angeführt: Sd7—e5—c4, um gleichzeitig Bb2, e3, Ld2 und beim Anmarsch auch die Dame anzugreifen.

Um sich dagegen zu schützen, muß Weiß eine kombinierte Verteidigung erfinden und vor allem Zeit gewinnen. Da Schwarz den ungedeckten Bb2 bedroht, muß Weiß Sc3 abziehen, um Ld2—c3 spielen zu können. Sollte Schwarz Sd7—e5 spielen, so folgt Df3—g3 und auf Se5—c4, Ld2—c3, wodurch der schwarze Königsflügel aufs Korn genommen wird (auch Lc3—a5 kann kommen!). Daher darf Schwarz Ld2—c3 nicht zulassen und muß b5—b4 spielen und Weiß gewinnt so das nötige Tempo. Schwarz droht mit seinem Bauernzug nichts und Weiß kann daher seinen Be3 decken und die Läuferentwicklung über e1 beginnen.

1.	Sc3—e2	b5—b4
2.	Se2—d4	Sd7—e5
3.	Df3—e2	....

Nicht nur um Bb2 zu decken, sondern auch den Se5 von c4 fernzuhalten, nachdem der schwarze b-Bauer gezogen hat. Schwarz muß nun zur Verwirklichung seiner Hauptdrohung, nämlich den Springer nach c4 zu bringen, neue Kräfte heranbringen.

3.	....	Sf6—e4
4.	Ld2—e1	Td8—c8
5.	Ta1—c1	Se4—d6
6.	Sb3—d2	....

Weiß hat ersichtlich schwer zu kämpfen, um den feindlichen Springer nicht nach c4 zu lassen.

6. .... Le7—f6

Besetzt die lange Diagonale, um Bb2 anzufallen.

8. f2—f3 ....

Nun wird der Zug möglich, der dem Läufer eine neue Diagonale erschließen soll. Der Angelpunkt der weißen Stellung ist der Sd4, denn er sperrt die Diagonale des Läufers und darf sich nicht vertreiben lassen.

8. .... Se5—c6
9. Sd4—c6: Tc8—c6:
10. Tc1—c6: Db6—c6:
11. Sd2—b3 ....

Droht wieder das Feld d4 zu besetzen und greift gleichzeitig Bb4 an. Schwarz pariert die Drohung durch einen Angriff auf Be3.

11. .... Dc6—b6
12. Le1—f2 ....

Weiß hat sein Ziel erreicht: der Läufer ist entwickelt, die Stellungen sind ausgeglichen. Schwarz konnte seine Hauptdrohung nicht verwirklichen und das Spiel kommt nun zu einem Endspiel mit gleichen Chancen.

M. Euwe.

E. Snosko-Borowsky.
Diagramm 71.

12. .... Db6—b5
13. De2—b5: Sd6—b5:
14. Td1—d2 ....

Es ist unmöglich, ein besseres Beispiel für die Vernichtung der feindlichen Drohung und für Aufhebung der eigenen Schwäche beizubringen. Charakteristisch ist, daß die schließliche Gleichheit durch völlig passives Spiel ohne eine Spur von Aktivität oder Angriff erreicht wurde. Freilich verfügte auch der Gegner in dieser Stellung über keinen Angriff. Wir wollen nun eine Stellung betrachten, wo sich die infolge von Raumnachteil schwächere Partie auch eines heftigen feindlichen Angriffes zu erwehren hat.

Solcher Art ist die folgende Stellung (Diagramm 71).

Die Überlegenheit des Weißen springt hier in die Augen, doch hat Schwarz einen effektiven Zug gewonnen. Der weiße Angriff gegen den feindlichen Königsflügel ist sehr bedrohlich und, was noch wichtiger ist, die schwarzen Figuren sind beinahe zur Untätigkeit verurteilt. Weder die Läufer noch die Springer stehen gut und Tc6 befindet sich gar auf einem völlig unbefriedigenden Felde.

Schwarz hat augenblicklich die Wahl, Bd4 zu schlagen oder c5—c4 zu spielen, um die Läuferdiagonale zu schließen. Dies ist wichtig, weil der Läufer von dem Punkte d5 abgelenkt wird, von wo aus er nicht nur auf den König zielen, sondern auch beide Türme bedrohen könnte. Der weiße Läufer hält sich aber insofern schadlos, als er auf die andere, gleichfalls sehr wichtige Diagonale geht; Schwarz erlangt keinen Vorteil, weil die Bauern seines Damenflügels auf lange Zeit hinaus unbeweglich sind. Durch c5—d4: gewinnt Schwarz den Bauern oder bekommt durch Lc5 die Initiative, falls Weiß mit dem Springer zurückschlägt.

Die natürliche Fortsetzung für Weiß ist das Aufgeben des Bauern, während Schwarz einen Bauern und etwas Freiheit für seine Figuren und deren Verteidigung bekommt. Weiß muß den Angriff auf den feindlichen Königsflügel mit der Attacke auf Bd5 verbinden und seinen König aus dem Schußfeld des nach c5 gehenden Le7 entfernen. So geschieht:

1.	c5—d4:
2. De2—g2	d4—d3
3. Kg1—h1	....

Nun steht Schwarz vor der entscheidenden Phase: er muß sich gegen zahlreiche weiße Drohungen decken, unter denen er die wichtigste erkennen und ihre Abwehr erwägen muß.

Weiß droht g5—g6 und Bd5 anzugreifen. Ersteres kann er in der vorliegenden Stellung noch nicht tun, weil g6 durch Tc6 und Lf7 gedeckt ist. Um die andere Drohung auszuführen, muß er den Springer ziehen, der Bg5 schützt. Weiß kann die Entfesselung vornehmen durch Sf3—d4, worauf der Bd5 verloren ist. Deckt ihn Schwarz durch Tc6—d6, so folgt Lc1—f4 mit sofortigem Gewinn des Bauern. Zieht Schwarz Sd7 weg, um den Bauern zu retten, so hat Weiß den Gewinnzug Sf3—e5. Schwarz kann den Bauern decken, indem er den Turm aufgibt: Tc6—c4, doch ist es hier unklug, die Qualität für einen Bauern zu opfern. Außerdem kann Weiß g5—g6 spielen, ohne augenblicklich den Turm, der durch den Läufer gefesselt ist, zu schlagen, und seinen Angriff unbehindert fortsetzen.

Der Turm muß auf der 6. Reihe bleiben, denn der weiße Bauernsturm auf den schwarzen König kann nur mit Erfolg abgewehrt werden, wenn die feindlichen Bauern auf der 6. Reihe zerschellen.

Schwarz muß sich darum gegen den Zug Sf3—d4 decken. Will er dies durch Dd8—b6 erreichen, so macht er seinen Bd5 schutzlos und gestattet Weiß den sofortigen Angriff durch Sf3—h4, womit außer der als Reserve gehaltenen Drohung g5—g6 auch der Drohzug f5—f6 in den Bereich der Möglichkeit rückt. Deshalb muß Le7—c5 geschehen. Was will Schwarz drohen? Die Drohung gegen Bg5 wird aufgehoben, Weiß kann diesen Bauern vorziehen und den Springer auf g5 stellen, um nicht nur Lf7, sondern auch Bh7 zu bedrohen. Um Bd5 zu verteidigen, wird Schwarz gezwungen sein, den Springer nicht nach f8, sondern nach f6 zu führen. Dadurch vermag aber Weiß seinen Bg6 zu halten und die Punkte f7 und h7 zu bedrohen oder, wenn Bg7 seine Linie verlassen sollte, den eigenen g-Bauern weiter vorzurücken. Die Hauptdrohung des Weißen geht dahin, das Spiel auf der 7. Reihe zu entscheiden, nachdem ihm der Durchbruch durch die Widerstandslinie auf der 6. Reihe gelungen ist. Schwarz kann sich dagegen schützen, indem er Ta8—a7 zieht und so die 7. Reihe deckt. Um diesen Plan zu verwirklichen, muß die 7. Reihe von den anderen Figuren geräumt werden. So ist der schwarze Verteidigungsplan und seine Durchführung klar verständlich:

3.	....	Le7—c5
4.	g5—g6	h7—g6:
5.	Sf3—g5	Sd7—f6
6.	Sg5—f7:	Kg8—f7:
7.	f5—g6+	Kf7—g8
8.	Tf1—f6:	Tc6—f6:
9.	Lb3—d5+	Kg8—f8
10.	Lc1—g5	....

Da wir die Verteidigung, nicht den Angriff zum Gegenstand unserer Untersuchung haben, wollen wir außer acht lassen, ob Weiß stets die stärksten Züge gewählt habe. Er hatte hier die Möglichkeit durch 10. Ld5—a8: eine Figur zu gewinnen, aber dann würde Schwarz Tf6—f2 antworten und einen starken Freibauern nach 11. Lc1—g5 Tf2—g2:; 12. Lg5—d8:, Tg2—b2: bekommen. Doch würde Weiß gewinnen. Worin besteht aber die tatsächlich ausgeführte Kombination? Ta8 muß ziehen, sonst folgt 11. Lg5—f6:, g7—f6: (nicht Dd8—f6: wegen Ta1—f1 und Damenverlust). 12. g6—g7†, Kf8—e7; 13. g7—g8D. Damit ist die von Weiß 10 Züge vorher geplante Kombination durchgeführt. Wir haben aber bereits schon früher darauf hingewiesen, daß Schwarz eine Verteidigung auf der 7. Reihe haben muß, damit die weiße Zugsfolge unmöglich werde, die mit dem Vorrücken des g-Bauern auf die 7. Reihe enden soll.

Wir sehen also, daß Schwarz gegen den weißen Angriff eine Verteidigungsfront auf der 6. Reihe einrichtete. Als diese zertrümmert wurde, errichtete er eine neue auf der 7. Reihe und diese hielt stand.

Dies ist ein prächtiges Beispiel für die Horizontalwirkung des Turmes auf einer Reihe und dessen starke Abwehrkraft. In einem früheren Beispiel wurde die gleiche Verteidigungsmethode angewandt, dort aber ohne Erfolg, weil sie sich nicht gegen die Hauptdrohung des Feindes richtete; im vorliegenden Falle aber rettet diese Methode Schwarz wirklich, weil die gegnerische Absicht rechtzeitig erkannt und die Verteidigung darnach eingerichtet werden kann.

10. .... Ta8—a7

Nun kann Weiß lediglich die geopferte Qualität wiedergewinnen, womit bei einem Endspiel mit ungleichen Läufern alles ausgeglichen ist. Nur der schwarze König steht exponiert; dafür hat aber Schwarz ein Gegengewicht in dem starken Freibauern Bd3.

11. Lg5—f6: g7—f6:

In diesem Falle war die Verteidigung ganz ausgezeichnet.

Damit haben wir das Thema der unterlegenen Stellungen erschöpft und verschiedene Fälle aktiver und passiver Verteidigung beim Eintritt in das Endspiel, beim Beginn des Angriffes usw. vorgelegt. Wenn wir noch an andrer Stelle, in den Kapiteln über die Entwicklung des Planes in überlegener Stellung Beispiele hinzufügen, glauben wir reichliches Material beigebracht zu haben, wie man sich in unterlegenen Stellungen zu verhalten habe. Hier sei eine kurze Zusammenfassung gegeben.

Bei schlechterer Stellung müssen wir erst genau ermitteln, worin die Schwächen bestehen, welche Bedeutung ihnen beizumessen sei und ob sie vom Gegner im Mittel- oder Endspiel zu einer Entscheidung ausgenützt werden können. Genau muß ermittelt werden, welche die Hauptdrohungen des Gegners sind und welchen Plan er verfolgt. Die Gegenwirkung muß darauf hinauslaufen, unsere Schwächen nicht vergrößern zu lassen, sie vielmehr allmählich zu vermindern. Verteidigt man sich erst passiv, so gilt es den Augenblick des Übergangs zu aktiven Spiel nicht zu versäumen; manchmal darf man sich auch nicht scheuen, etwas Material aufzugeben, um größere Bewegungsfreiheit zu erlangen. Man muß in der Verteidigung mehr als sonst bedenken, daß mitunter Zeit- und Raumgewinn gleichbedeutend sind mit einem Zuwachs an Kraft.

Kapitel IV.
Gleiche Stellungen.

Wir kommen zum letzten und schwierigsten Teil unserer Studie, den gleichen Stellungen. Sie sind nicht nur schwierig, sondern auch von großer Bedeutung, denn fast jedes Spiel, korrekte Eröffnung vorausgesetzt, hat diese Entwicklungsstufe zu durchlaufen, mitunter führen auch die lebhaftesten Partien zu ihnen, nachdem komplizierte Manöver die Gleichheit der Spiele aufgehoben haben.

Ihre Schwierigkeit besteht darin, daß ein klares direktes Ziel meist nicht erkennbar ist; ihre Eigenheiten liegen versteckt, jeder wenig überlegte Zug und der geringste Fehler können die Ursache von schweren Verwicklungen, gelegentlich auch von absolutem Verlust werden. Leicht wird das Spiel, wenn ein Partner in Vorteil steht, desgleichen, wenn man seinen Schwächen und Nachteilen nach ihrer klaren Erkenntnis Rechnung trägt. Wie hat man aber zu spielen, wenn man weder Vorteil noch Nachteil hat?

Die größte Schwierigkeit bildet der Aufbau des Planes. Worauf soll man ihn bei ganz ausgeglichenen Stellungen gründen, was leitet zu seiner Entdeckung und zu seinem richtigen Aufbau? Nicht selten fehlt gleichen Stellungen ein ausgesprochener Charakter. Das gilt besonders für die Eröffnung, namentlich im Vierspringerspiel, in der italienischen und französischen Eröffnung (Abtauschvariante). Hier gleichen sich die Stellungen völlig aus und jeder Gegner muß einen Plan entwerfen, ohne ein bestimmtes Ziel ins Auge fassen zu können.

Wir wissen freilich, daß kaum jemals eine Stellung vollkommen gleichwertig einer anderen sein kann, doch ist mitunter der Unterschied so gering, daß sich daraus kaum etwas Entscheidendes entwickeln kann. Die Züge des Gegners lassen sich nicht unbeschränkt wiederholen. Welcher Gegner gibt aber zuerst die Wiederholung auf und aus welchem Grunde? Wir sehen, daß trotz aller Gleichheit, die gleichartigen Züge jedes Partners für jede Seite von verschiedener Bedeutung sind, und dies führt die Spielentscheidung herbei. Deckt sich die Gleichheit der Stellung mit dem völligen Mangel klar hervortretender Merkmale, so wird die Spielführung überaus schwer und die Entwicklung eines Planes erfordert reifstes Können. Das um die Wende des 20. Jahrhunderts hochgeschätzte Positionsspiel war tatsächlich das Spiel der ausgeglichenen Stellungen, wo ein Spieler weder Vorteil erreichen noch seine Eigenart aufprägen könnte. Das Endergebnis war das Anwachsen der Zahl der unentschiedenen Partien.

Zum Studium solcher Stellungen muß die genaue Betrachtung der bisher gegebenen Beispiele vorangehen, um zu erkennen, wie in gleichen Stellungen die Unterschiede in den verschiedenen Elementen ausgenützt werden können; die Gleichheit kann das Ergebnis des Austausches von einem Vorteile in einem Element mit dem Nachteil eines anderen Elementes sein. Die Behandlung solcher Stellungen kann im allgemeinen als Manöver bezeichnet werden und umfaßt das Eröffnungsstadium und das beginnende Mittelspiel mit Angriff und Verteidigung. Wir werden mit einfachen, leicht verständlichen Stellungen mit wenig Figuren beginnen und wählen zunächst folgende (Diagramm 72):

Weiß hat einen effektiven Zug mehr, einen Bauern auf der 4. Reihe, während das schwarze Gegenüber erst auf der 6. Reihe steht. Diese Unterschiede sind aber von keiner Bedeutung: höchstens läßt sich für Weiß eine gewisse Handlungsfreiheit feststellen. Wie kann Weiß davon Gebrauch machen? Sein Vorteil könnte nur auf dem Königsflügel verwirklicht werden, wo seinen vier Bauern bloß drei schwarze gegenüberstehen. Zu diesem Zwecke aber muß Bd6 auf die c-Linie herübergebracht werden. Weiß muß die Damenflügelbauern spielen, Bc2 nach c5 vorrücken und durch den b-Bauern stützen.

Dr Em. Lasker.

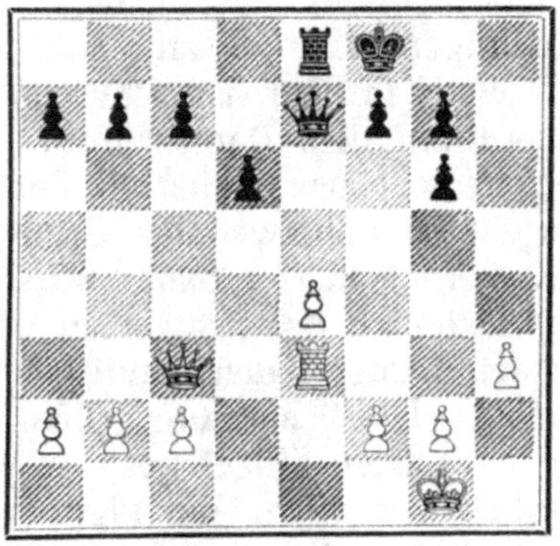

C. Schlechter.

Diagramm 72.

Diese Bauern müssen also weit vorgestoßen werden und bilden eine Gefahr für Weiß, die vielleicht die zu erlangenden Vorteile aufwiegt. Weiß wagt es aus diesem Grunde nicht und verliert in wenigen Zügen seine Handlungsfreiheit, wodurch die Stellung ausgeglichen wird.

1.	Dc3—b4	c7—c6
2.	Db4—a3	a7—a6
3.	Da3—b3	Te8—d8
4.	c2—c4	....

Jetzt ist der Zug geschehen, aber nicht als Angriffs-, sondern als Deckungszug, um den Gegner an d6—d5 zu hindern. Weiß hält den schwarzen Bd6 für schwach und trachtet ihn auf seinem Standfeld festzuhalten. Schwarz aber erlangt nach und nach die Initiative und wir werden sehen, worauf er seine Chancen gründet.

4.	....	Td8—d7

5.	Db3—d1	De7—e5
6.	Dd1—g4	Kf8—e8
7.	Dg4—e2	Ke8—d8
8.	De2—d2	Kd8—c7

Spielt Weiß auf Vorteil am Königsflügel, so sucht sich Schwarz am Damenflügel schadlos zu halten, wo er einen Mehrbauern besitzt. Hierhin zieht der König, das erste Zeichen seiner Handlungsfreiheit. So schützt er nicht nur seinen schwächeren Flügel, sondern kräftigt auch seine stärkere Flanke. Gleichzeitig deckt er den Bauern, den er ohne Furcht schwächen ließ, da ja in einer ausgeglichenen Stellung die Initiative ohne Opfer nicht zu erlangen ist. Durch das Heranziehen des Königs an den Bauern enthebt er seine beiden Offiziere der Verteidigung. Die Dame steht schon im Zentrum, während der feindliche Turm den Mittelbauern decken muß. Die weiße Dame ist nach ihrem Ausfall in ihr Lager zurückgekehrt. Wir können hinzufügen, daß Schwarz zwei Züge gewonnen hat.

Welchen Plan hat Schwarz? Natürlich die Erlangung eines Freibauern auf dem Damenflügel. Durch Abtausch kann aber Schwarz höchstens einen isolierten Bauern bekommen, der für ihn keinen Vorteil darstellt, weil der Gegner einen Mehrbauern am Königsflügel hat. Sein isolierter Bauer wäre also recht schwach. Daher müssen die Absichten des Schwarzen tiefer liegen: Er muß auf Schwächung der feindlichen Bauern und Lähmung des gegnerischen Königsflügels spielen. Ist dieser angegriffen, so kann auch der Bauer am entgegengesetzten Flügel gespielt werden. Eines gilt für beide Partner, nämlich vor allem die Figuren frei zu bekommen. Die schwarze Dame hat Freiheit, nicht aber der Turm, denn er braucht offene Reihen. Solche stehen ihm im Zentrum und am Königsflügel zur Verfügung, aber keine auf der ungleich wichtigeren Damenseite. Deshalb muß vor allem eine solche geschaffen werden.

9.	a2—a3	Td7—e7
10.	b2—b4	b7—b5
11.	c4—b5:	a6—b5:

Das Ziel ist erreicht, eine wichtige Linie, auf der der weiße rückständige Bauer steht, ist geöffnet. Jetzt muß der Turm ein Standfeld aufsuchen, von wo aus er im gegebenen Moment — von einer der offenen Linien Besitz ergreifen kann. Schwarz hat einen gewissen, wenn auch nicht großen Vorteil. Um die Initiative zu erhalten, darf er dem Gegner nicht gestatten, sich aus seiner schwierigen Stellung zu befreien.

12.	g2—g3	g6—g5
13.	Kg1—g2	Te7—e8
14.	Dd2—d1	....

Droht a3—a4 und Dd1—h5. Wir sehen, wie sorgfältig man in solchen Stellungen spielen muß, wie jeder erlangte Vorteil und jeder Gewinn in der Bewegungsfreiheit Gefahren in sich schließt. Nach dem Ziehen der Damenflügelbauern erlangt Schwarz hier zwar einen Vorteil, gewährt aber auch dem Gegner die Möglichkeit zu Angriffen. Durch den Aufzug des g-Bauern lähmt er die feindlichen Bauern, öffnet jedoch Felder für die feindlichen Figuren. Sind noch viele da, so fällt die Abwehr der feindlichen Drohungen leicht, im gegenteiligen Falle tut größte Vorsicht not. Vielleicht läßt sich auch der Sieg durch Beibehalten der Stellung erreichen.

14. .... f7—f6
15. Dd1—b3 ....

Eine eigenartige Stellung! Weiß führt keine seiner Drohungen aus. Richtig ist, daß Weiß nach 15. Dd1—h5, De5—e6 nichts erreicht. Aber konnte er nicht 15. a3—a4 spielen? Vermutlich unterließ er dies aus Furcht, einen rückständigen isolierten Bb4 zu bekommen. Weiß drohte also nichts und wendet nur passive Verteidigung gegen die schwarze Offensive an, womit der ganze Vorteil in der Hand des Gegners bleibt.

Wir müssen jedoch wissen, daß in solchen Fällen passive Verteidigung bisweilen sehr gut ist. Der Gegner kann sich nur eines so geringen Vorteils rühmen, daß er ihn bloß forciert ausnützen kann. Eine solche Verteidigung muß sehr beharrlich und aufmerksam behandelt werden, weil der Gegner seinen Vorteil durch jeden Zug beträchtlich vergrößern kann. Der Weg empfiehlt sich nur bei wenig Figuren und einem unwesentlichen feindlichen Vorteil. Dann aber entsteht die Frage, warum wird ein so passives Spiel gewählt?

15. .... De5—e6
16. Db3—d1 ....

Nach Verzicht auf die Initiative geht Weiß dem Abtausch der wirkungsvollsten Figur aus dem Wege und vermeidet so ein Turmendspiel, das am leichtesten zu Remisschluß geführt hätte. Diese Inkonsequenz räumt dem Gegner ganz klar den Vorteil ein.

16. .... Te8—h8
17. g3—g4 ....

Die weißen Königsflügelbauern sind gelähmt, Schwarz hat ein zweites Ziel erreicht: er kann jetzt auf das dritte, entscheidende losgehen, nämlich die Erlangung des Vorteils am Damenflügel. Zu diesem Zwecke verhindert er erst den Gegenzug a3—a4.

17. .... De6—c4

Nun enthüllt sich die Planlosigkeit des weißen Spieles. In dem Augenblicke, wo seine Figuren zur Verteidigung gebraucht werden, die schwarzen aber in den besten Stellungen stehen und die Dame seine Damenflügelbauern angreift, beginnt Weiß den Angriff auf dieser Seite. Drei Züge vorher wagte er nicht, den a-Bauern zu ziehen, jetzt aber verbindet er diesen Zug mit einem Bauernopfer. War er dazu gezwungen? Keineswegs.

Seine Figuren waren gut gedeckt und, wenn er schon auf die Initiative verzichtete, konnte er warten, ob Schwarz zu Vorteil gelangt. Er hatte gute Drohungen, z. B. 18. Dd1—f3 mit der Folge Te3—c3, e4—e5 und Angriff auf Bc6. Dieses Manöver würde die schwarze Dame gezwungen haben, auf ihr Ausgangsfeld zurückzugehen und die Verteidigung zu übernehmen.

18.	a3—a4	Dc4—b4:
19.	a4—b5:	Db4—b5:
20.	Te3—b3	Db5—a6
21.	Dd1—d4	Th8—e8
22.	Kg2—g1	Te8—e5

und so fort. Schwarz ist nun mit einem Bauern im Vorteil, während der weiße Angriff diesen Verlust nicht aufwiegt. Seltsam ist nur, daß dieser Angriff sich gegen den Damenflügel richtet, auf den Schwarz seinen König gebracht hat, am stärksten ist und einen Mehrbauern besitzt.

Dies beweist das Gefährliche, in ähnlicher Stellung nach einem Vorteil zu trachten. Wir haben es mit einem Versuch zu tun, der gerade für denjenigen Spieler Schwächen einbringt, der auf die Komplikationen gespielt hat.

Was lernen wir aus dem Beispiel?

Bei dieser Spielart müssen wir mehr als in jeder anderen eine klare Vorstellung von dem haben, was wir tun wollen, weil jedes Schwanken dem Feind die Handlungsfreiheit einräumen würde. Weiterhin ist nötig, selbst die Initiative in die Hand zu bekommen und sie keinesfalls wieder abzugeben. Wir können deutlich sehen, wie wir sie behalten. Vor allem müssen die eigenen wichtigen Punkte selbst auf Kosten anderer Stellungsteile verstärkt werden — alles mit größter Sorgfalt. Hingegen muß man trachten, die feindliche Stellung zu schwächen, bedeutsame Punkte mit eigenen Figuren zu besetzen und diesen größere Handlungsfreiheit zu verschaffen. Zum entscheidenden Schlage darf nur ausgeholt werden, wenn alle Vorbedingungen dazu getroffen sind, namentlich aber die Möglichkeit eines Gegenangriffes unterbunden ist.

Soviel mag im allgemeinen über gleiche Stellungen gesagt sein, die einen ausgesprochenen Eigencharakter haben. Um Einzelheiten zu erklären, betrachten wir eine andere Stellung, bei der das Endziel nicht so ausgeprägt erscheint und das Spiel sich nicht wie beim letzten Beispiel über das ganze Brett erstreckt. (Diagramm 73.)

Die Stellung kann als ausgeglichen gelten. Die Figuren sind auf beiden Seiten fast gleich. Weiß hat freilich einen schwachen Be3, der aber den feindlichen Bd5 zurückhält. Geht der weiße Bauer vor, so wird Schwarz zum Bauernabtausch gezwungen, weil sonst ein zu starkes weißes Bauernpaar am Königsflügel droht. Wenn die Stellungen annähernd gleich sind, besagt dies keinesfalls, daß sie eines ausgesprochenen Charakters ermangeln. Er ist sogar im Gegenteil sehr deutlich ausgedrückt: für Schwarz in Bd5, welcher im Vorrücken sehr stark zu werden und im Falle des Abtausches den Türmen eine ausgezeichnete Linie zu eröffnen droht. Weiß hingegen scheint am Königsflügel etwas vom Spiel zu haben, allerdings nur scheinbar, denn er hat dort keine Angriffsfiguren und seine drei Bauern können die Widerstandslinie der schwarzen Bauern nicht durchbrechen, wenn Schwarz einigermaßen aufmerksam spielt.

E. Snosko-Borowsky.

A. Burn.

Diagramm 73.

Wir können annehmen, daß das Vorgehen des f-Bauern unnötig war; doch erzwang dadurch Weiß den Abtausch des Läufers auf e6, der Bd5 deckte. Es ist deshalb natürlich, daß Weiß sein Spiel auf diesen Bauern konzentriert. Selbst wenn es nicht gelänge, ihn zu erobern, so würde seine Verteidigung doch das Heranziehen aller schwarzen Figuren bedingen. Weiß kann zweifellos diesen Bauern rückständig halten. Er braucht nur den Läufer nach b1 oder b5 wegziehen und Ta1—d1 spielen, wonach er e3—e4 und Sb3—d4 droht. Weiß wird darauf spielen, daß der Kampf um diesen Stein entbrennt. Gelingt ihm aber die Eroberung des Bauern nicht, so überläßt er dem Gegner die Freiheit des Handelns. Wir dürfen nicht vergessen, daß Schwarz zu Sc6—e5—c4 und dadurch zu einem ausgezeichneten Standfeld des Springers kommen kann und gleichzeitig Bb2 und e3 bedroht. Deshalb möchte er nicht dem Gegner die Initiative übergeben und beginnt das Spiel auf dem Königsflügel in der Hoffnung, hier anzugreifen und so den schwarzen Vorteil im Zentrum auszugleichen.

1. g2—g4 Tc8—d8

Um den Springer zu befreien und Bd5 besser zu schützen.

2. Kg1—h1 Td7—d6

Ein Zug, der große vorbereitende Bedeutung hat. Schwarz versucht seinen d-Bauern vorzurücken. Dieser Zug, sein Hauptziel, muß mit aller Kraft ausgeführt werden, um den weißen Drohungen zuvorzukommen und den eigenen Figuren die meiste Beweglichkeit zu verschaffen. Weiß droht indessen mit den Königsflügelbauern weiter vorzugehen und vor Opfern nicht zurückzuschrecken. Z. B. 3. g4—g5, Df6—g5:; 4. f5—f6. Ferner droht der Aufzug des h-Bauern. Um allen diesen Drohungen zu begegnen, muß der schwarze Turm auf der 6. Reihe stehen, um diese zu schützen und im gegebenen Augenblicke auf den Königsflügel zu ziehen. Der Textzug befreit auch den Springer und vereitelt Lb5. Der schwarze Mittelbauer genügt zur Abwehr des feindlichen Angriffes nicht, im Gegenteil, bei der geringsten Sorglosigkeit verliert die schwarze Drohung all ihre Bedeutung. Nur sorgfältig vorbereitet, vermag sie ernsthaft zu wirken.

3. Tf1 - g1 Df6—g5

Weiß drohte g4—g5.

4. Tc1—f1 ....

Weiß ist gezwungen, seine Figuren zum Angriffe zu gruppieren und gibt dabei dem Gegner Gelegenheit, seine Drohung auszuführen Alle weißen Figuren haben das Zentrum verlassen und nur der Läufer bleibt auf der Damenlinie, um nach dem Bauernabtausch das erste Angriffsobjekt zu werden. Zieht der Läufer weg, so dringen die doppelten Türme auf die 2. Reihe, die Springer werden getauscht und der durch das Vorgehen des f- und g-Bauern geschwächte Königsflügel wird Ziel des schwarzen horizontalen Turmangriffs. Die Kraft solcher Angriffe haben wir bereits kennen gelernt.

4. .... d5—d4

Der vorangegangene Turmzug in Verbindung mit dem Textzug droht jetzt Be3 zu gewinnen. Weiß muß sich für den Abtausch oder das Vorgehen des Be3 entscheiden. Die Folgen des ersteren haben wir bereits erwähnt, nun aber sei die Auswirkung der schlechten Stellung des Ld3 ins Auge gefaßt. Nach dem Abtausch der Bauern auf d4 gelangt die weiße Drohung f5—f6, wegen der Bedrängnis des Ld3, zu keinem Erfolg. Sollte Ld3 vorher z. B. nach b1 ziehen, so könnte Schwarz seinen Bauern nicht vorrücken, wäre aber gezwungen, entweder f7—f6 zu spielen oder Se7 wegzuziehen. Daraus sehen wir, daß Weiß bei seinem Angriff nicht die nötigen Vorsichtsmaßregeln gegen die schwarzen Drohungen ergriff und dadurch die Stellung des Gegners merklich verbesserte. Als Hauptregel hat zu gelten, daß in gleichwertigen Stellungen, wenn keine zwingende Notwendigkeit vorliegt, Drohungen nicht früher ausgeführt werden dürfen, bis die gegnerischen Figuren wirkungslos gemacht und die eigenen gut aufgestellt worden sind. Darum wählt Weiß einen anderen Weg:

5. e3—e4 ....

Welche Absichten hegt Schwarz? Sich gegen das Vorrücken des Mittelbauern zu schützen, d. h. der Angriff des Springers muß sich gegen den Läufer richten, um ihn zum Verlassen seines jetzigen Feldes, von dem aus er den Bauern hemmt, zu verlassen. So folgt:

5.	Sc6—e5
6. Tg1—g3	Se7—c6
7. Sb3—d2	....

Selbst hier setzt Weiß unter Mißachtung der gegnerischen Drohungen seinen Angriff fort und beabsichtigt, den Springer nach f3 zu führen, die feindliche Dame zu vertreiben und das Vorrücken der Königsflügelbauern zu sichern. Entschiedenheit ist im allgemeinen und bei gleichwertigen Stellungen insbesondere notwendig, aber in diesem Fall klammert sie sich an eine unrichtige Kombination: die Türme sollen nicht nur die Bauern des feindlichen Damenflügels von der 3. Reihe aus angreifen, sondern überhaupt den Angriff tragen, dies aber ohne die nötige Sicherung gegen die feindlichen Drohungen. Richtig war Sb3—c1, um diesen Springer nach Abtausch auf d3 dem zweiten feindlichen entgegenzusetzen: Sb3—c1, Se5—d3:; Sc1—d3:, womit dem Zug Sc6—e5 zuvorgekommen ist. Schwarz würde wahrscheinlich Sc6—b4 antworten und Weiß könnte die Entwicklung des schwarzen Drohspieles abwarten, nachdem er Tf1—d1 gezogen hat. Auf diese Art würde aber Schwarz völlig das Gesetz des Handelns vorschreiben. Weiß würde seinem eigenen Angriff alle Kraft nehmen, seine Bauern auf dem Königsflügel würden schwach und nirgends stände ihm eine Drohung zur Verfügung. Ist das ein bescheidener Erfolg? Das vorliegende Spiel interessiert uns als Beispiel eines Zusammenpralles, eines Kampfes zweier Ideen, von denen die bessere die Oberhand behält, nicht aber der gefaßte Vorsatz, nicht der eingeschlagene Weg, nicht die Taktik, sondern die Strategie.

7.	Se5—d3:
8. Tg3—d3:	Sc6—e5
9. Td3—g3	d4—d3
10. De2—g2	....

Der schwarze Bauer ist nun einen Schritt vorgerückt. Am weiteren Vorgehen ist er durch den Springer aufgehalten, d. h. Weiß hat den Widerstand auf der 2. Reihe eingerichtet, was er nach unserem Ermessen schon auf der 3. Reihe hätte tun sollen. Worin besteht der Unterschied? Nur darin, daß jetzt der schwarze Turm ungehindert auf der c-Linie in das Spiel kommt, nach c2 zu ziehen droht und dadurch Sd2 und die Damenflügelbauern angreift. Vorher aber war der Punkt c3 durch den b-Bauern verteidigt und Schwarz hätte weit größere Schwierigkeit gehabt, den Turm ins Spiel zu bringen und den Angriff auf der bezeichneten Linie zu beginnen.

Damit ist der Fehler des vierten Zuges von Weiß erwiesen: er durfte den Turm von der c-Linie nicht entfernen. Wäre der Turm stehen geblieben, so hätte Schwarz seine Idee ohne weitere Vorbereitungen nicht verwirklichen können.

10.	....	Td6—c6
11.	Sd2—f3	Se5—f3:
12.	Dg2—f3:	Tc6—c1

Der schwarze Bd3 findet nun kein Hindernis mehr. Indem Schwarz die Drohung des Bauernvorgehens mit dem Angriff auf die Damenflügelbauern verbindet, entscheidet er in wenigen Zügen das Spiel zu seinen Gunsten.

13.	Tg3—g1	Tc1 —f1:
14.	Tg1—f1:	Dg5—d2
15.	Tf1—b1	Dd2—e2
16.	Df3—g2	De2—e3
17.	Tb1—d1	d3—d2
18.	h2—h3	De3—e1†
19.	Dg2—g1	De1—e2
20.	e4—e5	Td6—d3

Im vorhergehenden Beispiel fehlte der logische Aufbau des weißen Spieles, denn es war allzuhäufiger Planwechsel festzustellen, im vorliegenden Falle verliert Weiß, weil er sich mit zu großer Beharrlichkeit an eine schlechte Idee klammert.

Wir müssen uns wohl daran erinnern: in ausgeglichenen Stellungen, besonders bei geringem Figurenmaterial, ist es von höchster Bedeutung, den Wert der eigenen Drohungen genau abzuschätzen. Die Erkenntnis des Charakters einer Stellung genügt nicht, wenn nicht auch die eigenen und feindlichen Drohungen gegeneinander abgewogen werden. Verfolgt man zu beharrlich eine mangelhafte Idee, so bleibt nicht aus, daß man in unterlegene Stellung gerät. Hat man selbst keine Aussicht, zur Initiative zu kommen, so vermeidet man besser, sie zu erzwingen, und verhindert den Gegner, sie zu erlangen und kommt seinen Drohungen zuvor. Dann wird wohl unentschiedener Ausgang die Folge sein. Strebt man aber ein aktives Spiel an, so muß man es sorgsam vorbereiten, die feindlichen Drohungen unterbinden und sich selbst volle Handlungsfreiheit sichern. In ausgeglichenen Stellungen gilt das Gebot, die eigenen Kombinationen vorzubereiten und sie erst, nachdem alle Bedingungen gegeben sind, zur Ausführung zu bringen.

Wir kommen nun zu einem annähernd gleichen Spiel auf beiden Seiten ohne jedes Gepräge, wie es sich am Schluß der Eröffnung ergab. Dies kommt sehr häufig vor (Diagramm 74).

Die Stellungen unterscheiden sich nur darin, daß Weiß einen Läufer auf c2 und Schwarz einen auf b6 stehen hat. Sonst sind die Stellungen identisch. Welche Bedeutung hat dieser Unterschied für die beiden Gegner? Genügt er zur Konstruktion eines Spielplanes?

Es scheint, als ob der schwarze Läufer wirkungsvoller stünde, weil er eine offene Diagonale beherrscht und im Falle von d3—d4 diesen Bauern sofort bedroht, während der weiße Läufer durch seine eigenen Bauern blockiert ist, diese aber andrerseits wieder deckt. Eine aufmerksamere Betrachtung der Stellung bestätigt diese Auffassung nicht. Vor allem: zieht Weiß d3—d4, so kann Schwarz nicht mit dem gleichen Zuge antworten, weil sein Be5 ungenügend gedeckt ist. Die weiße Läuferstellung erlaubt den Bauernzug, Schwarz ist er verwehrt; mit anderen Worten Weiß kann die Läuferdiagonale öffnen, während die des Schwarzen geschlossen wird. Der schwarze Läufer zielt gegen Bf2, kann aber keinen ernstlichen Angriff darauf richten, weil Weiß seinen Läufer auf e3 entgegensetzen kann. Die weiße Läuferdiagonale trifft aber den Punkt h7, dessen Verteidigung den Springern übertragen ist, die eben darum an ihre jetzigen Standfelder gebunden sind. Weiß kann seine Dame auf diese Diagonale bringen, Schwarz dagegen nicht. Daraus folgt, daß Schwarz auf keinen Fall dem Be4 gestatten darf, sein Feld zu verlassen, da dann die wichtige Schußlinie sofort geöffnet würde. Schwarz darf aus diesem Grunde die sonst wichtigen Angriffszüge d6—d5, f7—f5 und Sg6—f4 nicht tun. Weiß aber kann nicht nur d3—d4, sondern auch f2—f4 und Sg3—f5 spielen. Kurz, die Stellung des Läufers bietet Weiß mehr Angriffsmöglichkeiten als Schwarz.

Berlin.

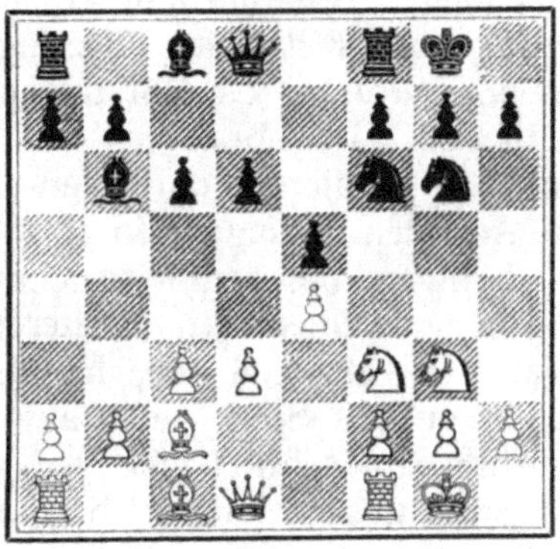

Riga.
Diagramm 74.

Man kann aber doch noch nicht recht an einen Angriff denken, weil beide Gegner ihre Entwicklung nicht vollendet haben. Welchen Entwicklungsplan können beide Partner wählen?

Die weiße Entwicklung beginnt mit d3—d4. Dann steht ihm eine Drohung, mit Lc1—g5 und Sg3—h5, auf f6 einen Doppelbauern zu schaffen, zur Verfügung. Spielt Schwarz h7—h6, so geht der Läufer nach e3 zurück und beide Läufer bleiben nach wie vor gegen den geschwächten Königsflügel gerichtet. Denkt Schwarz mit der gleichen Drohung Lc8—g4 fortzufahren, so spielt Weiß kurzerhand h2—h3. Er kann auch Dd1—d3 ziehen und Sf3 befreien, wodurch Lg4 seine Wirkungskraft verliert. Es hat den Anschein, daß Weiß die Bauernverdoppelung auf f3 gestatten kann, Schwarz aber nicht, weil die Stellung des Lc2 erlaubt, nach der Verdoppelung der Bauern, sofort Sg3—f5 zu ziehen und nach dem Abtausch Lc8—f5:, e4—f5: diesen Bauern zu decken, womit Weiß zuerst den Angriff aufnimmt. Schwarz ist aber der analoge Zug Sg6—f4 versagt, weil nach dem Abtausch der verbleibende Bf4 unverteidigt ist und erst des Schutzes durch den schwarzen Springer von h4 aus bedarf, was Weiß den Vorteil einräumte, zuerst mit seinem Angriff loszuschlagen. Aus alledem ersehen wir den Unterschied der Läuferstellung beider Parteien. Gering ist er zwar, aber von unberechenbarer Bedeutung. Es gibt tatsächlich im Schach keine gleichwertigen Stellungen. Wir brauchen nur die Stellung jeder einzelnen Figur genau zu studieren, um einen Unterschied zu erfassen.

Aus dem Gesagten folgt, daß Weiß die Initiative erreichen muß und Schwarz bei dem Versuchen, sie an sich zu reißen, seine Stellung nur verschlechtert. Letzterer muß an ruhige Entwicklung denken, etwa: Tf8—e8, Lc8—e6, h7—h6, Dd8—c7, Ta8—d8 usw. Damit verlegt er das Spiel nicht auf den Königsflügel, sondern hält das Zentrum und schützt sich gegen dessen Durchbrechung.

Statt dessen strebte Schwarz die Initiative an und bietet uns ein Beispiel, wohin es führt, wenn eine Seite in Verkennung der Natur der Stellung unbedingt auf die Initiative lossteuert. Während der Entwicklung des Spieles erkennen wir immer klarer den Charakter der beiden Stellungen:

1. d3—d4 Lc8—g4
2. Dd1—d3 Sf6—h5

Weiß strebt die Stellung seines Lg4 zu verbessern, macht sie aber dadurch nur noch schlechter. Er sollte an dem bisher Erreichten festhalten, dem Weißen die Entscheidung überlassen, wie lange er den Lg4, der den Sf3 zu nehmen droht, stehen lassen will.

3. Sg3—h5: Lg4—h5:
4. Lc1—g5 Dd8—c7
5. Sf3—d2 ....

Nun steht der schwarze Läufer schlecht, er droht nichts und hat keinen Zug. Beide Läufer von Schwarz stehen außerhalb des Spieles, während die weißen wirkungsvolle Felder innehaben. Jetzt sollte Schwarz zur Erkenntnis kommen, daß er nicht im Besitze der Initiative ist und zwangsweise eine Reihe von Verteidigungszügen machen muß, vor allem um Lh5 wieder ins Spiel zu bringen. In Anbetracht dessen könnte er Sg6—e7 spielen und f7—f6 nebst

Lh5—f7 drohen. Wenn es die Umstände erlauben, könnte er Se7 nach g6 zurückführen. Er aber hält um jeden Preis an der Initiative fest.

5. .... h7—h6
6. Lg5—e3 Ta8—e8

Nun wäre es nötig, die Dame wegzuziehen, um den zweiten Läufer durch Lb6—c7 wieder verwendungsfähig zu machen. Schwarz glaubt aber immer noch an eine erfolgreiche Offensive auf dem Königsflügel in Anbetracht der zusammengeballten Stellung der weißen Figuren im Zentrum. Er hat immer noch einen Vorteil an effektiven Zügen, die auf die allerdings schlecht stehenden Lh5 und Sg6 entfallen. Diese Stellung will er zum Angriff ausnützen. Kann aber ein Erfolg beschieden sein, wenn Weiß überhaupt besser steht und vor allem der Königsflügel völlig ungeschwächt ist? Die falsche Erwägung bringt Schwarz rasch zum Zusammenbruch des eigenen Spieles.

7. f2—f3 ....

Droht schon den Gewinn des Läufers; nur der Rückzug des Springers kann ihn retten. Geht er nach f4, so wird nach dem Abtausch der Bauer bald verloren sein. Der Rückzug nach e7 würde alle schwarzen Figuren arg zusammendrängen. Aus diesen Gründen entschließt sich Schwarz zum Opfer des Läufers, obgleich es nicht gerechtfertigt ist. Es fällt auf, daß Weiß hier die Läuferdiagonale a7—g1 durch f2—f3 öffnete, — aber der schwarze Angriff verpufft ja wirkungslos. Ist es nicht klar, um wieviel besser die Placierung des Lc2 in der Ausgangsstellung war?

7. .... d6—d5
8. g2—g4 e5—d4:
9. c3—d4: c6—c5
10. Dd3—c3 Sg6—f4
11. Le3—f4: Dc7—f4:
12. g4—h5: c5—d4:
13. Dc3—d3 ....

und der schwarze Angriff bricht zusammen.

Dieses Beispiel ist nicht nur charakteristisch in Hinblick auf das Streben, die Initiative, auch wenn zu ihr keine begründete Veranlassung vorliegt, zu erlangen, sondern lehrt uns auch die charakteristischen Eigenschaften einer Stellung mit den kleinsten Verschiedenheiten. Wir erwähnten schon, daß bei gleichen Stellungen die Hauptschwierigkeit nicht in der Führung des Spieles, sondern in der Abschätzung und im Entwurf des Planes liegt. Das vorliegende Beispiel bildet eine ausgezeichnete Studie dafür.

Der geringfügige Stellungsunterschied der beiden Läufer erlaubte Weiß d3—d4 zu spielen, während dies Schwarz versagt blieb. Weiß vermochte die Drohung Lc1—g5 auszuführen, Schwarz nicht. Weiß hätte sich die Verdoppelung des f-Bauern gefallen lassen können, keineswegs aber sein Gegner. In der Hand des Weißen lag der Angriff. Der Wunsch nach Änderung des Stellungscharakters und dessen Außerachtlassung in dem Streben nach Initiative führte den Untergang des schwarzen Spieles herbei.

Nun sei noch ein letztes Muster langsamen Spieles betrachtet, wo kein Gegner einen Angriff zu entfesseln vermag und ein geradezu minimaler Vorteil allmählich einer Partei das Übergewicht verschafft. Wir haben es mit einem Beispiel für Positionsspiel zu tun, einer typischen Studie für Manöver (Diagramm 75).

O. Duras.

A. K. Rubinstein.
Diagramm 75.

Die Stellungen sind in Hinsicht auf alle drei Elemente völlig gleich. Der einzige Unterschied zwischen Weiß und Schwarz besteht in der Postierung der Läufer. Weiß hat die seinen für einen Angriff im Zentrum bereits entwickelt, während die schwarzen noch die Ausgangsfelder einnehmen und daher sowohl das Zentrum decken, als auch die feindlichen Flügel angreifen können. Da aber kein Partner einen Angriff ausführen kann, ist es klar, daß die schwarzen Läufer eine Verteidigungsstellung einnehmen, während den weißen die Initiative im Zentrum zufällt. Wie kann sich diese auswirken? Es ist für uns kein Geheimnis, daß zuerst d3—d4 geschehen muß. Schwarz am Zuge müßte d6—d5 erst vorbereiten, weil ihn vorerst noch Lg2 an dem Zuge hindert. Obwohl die Stellung der Mittelbauern gleich ist, kann Weiß doch die Offensive beginnen, Schwarz aber nicht. Deswegen bleibt auch Lf8 gefesselt, um den Bd6 zu decken.

Den weißen vorgehenden d-Bauern kann Schwarz nicht schlagen, weil er dadurch Bd6 isolieren und zum Angriffsziel aller weißen Figuren machen würde. Weiß hat sich zu fragen, was mit seinem Damenbauern nach dem Vorgehen geschieht. Schlüge er nach e5, so verbesserte er dadurch die schwarze Bauernfront und öffnete dem dem Lf8 die Diagonale, während der weiße Königsläufer wie bisher durch seinen Be4 blockiert bliebe. Deswegen verbietet sich für Weiß das Schlagen auf e5.

Läßt aber Weiß den Bauern auf d4 stehen, so greift Schwarz Sf3 an, hält Bd4 unter Drohung und kommt selbst zu d6—d5. Darum muß mit dem Vorstoß d3—d4 das weitere Vorgehen d4—d5 verbunden werden. Hatte Weiß letzteres nicht im Sinne, so wäre sein Bauer besser auf d3 geblieben, wenigstens noch für einige Zeit.

Wie kann sich sein Spiel bei der neuen Bauernstellung entwickeln? Der schwarze Bd6 steht zwar ein Feld weiter zurück, aber ein Angriff auf ihn würde erfolglos sein, solange ihn Lf8 deckt. Daraus ergibt sich, daß Weiß vorgeht, um die Figuren des Gegners am Damenflügel in ihrer Bewegungsfreiheit zu hemmen: es scheint, als ob dadurch das Brett in zwei Teile getrennt sei, so daß es für Schwarz schwer ist, Figuren vom Königsflügel nach der Damenseite hinüber zu spielen. Weiß wird die Dame, beide Türme, den Springer und den Damenläufer auf den Damenflügel bringen können und zieht seine Bauern von dem Gesichtspunkte aus, sich gute Schußlinien und Felder für den Angriff auf die zusammengedrängte Stellung des Gegners zu öffnen. Dann wird der Angriff auf den schwarzen Damenbauern und, kommt es zu dem wahrscheinlichen Bauernabtausch, auf den einzigen übrig bleibenden Bauern Erfolg haben.

Was kann Schwarz zur Bekämpfung dieser Idee tun?

Das Vorrücken des weißen Mittelbauern bis auf die 5. Reihe ist im allgemeinen gefährlich, wenn die Stellung des ihn stützenden Mittelbauern durch f7—f5 untergraben wird. In unserem Falle ist dies kaum möglich, denn Lg2 deckt Be4 und nach dem Schlagen dieses Bauern würde der Läufer sehr wirkungsvoll in das Spiel eingreifen. Dieser Läufer kann von seinem jetzigen Standfeld durch den Zug Lc8—h3 entfernt werden, ein Manöver, das man häufig anwendet, wenn der Läufer auf g2 steht, um so die Fianchetto-Stellung zu schwächen und zwei „Löcher" auf f3 hund h3 zu schaffen, die vorläufig noch vom Läufer gedeckt sind. In unserem Beispiele empfiehlt sich dieses Verfahren nicht, weil dem schwarzen Läufer ein weites Betätigungsfeld offen steht, der weiße Läufer aber eine rein passive Rolle spielt.

Im vorliegenden Falle verbietet sich auch ein aktives Vorgehen auf dem Königsflügel, denn Schwarz muß Sorge tragen, daß alle Figuren auf dem Damenflügel eingreifen können, so auch Lc8. Wenn der Läuferabtausch nur mit der Absicht geschieht, f7—f5 zu spielen, so hat er keine Drohung im Gefolge, weil Weiß einfach f2—f3, spielt. Schwarz müßte nach einem Gegenangriff auf dem Damenflügel trachten, aus der Stellung des weißen Bd5 Vorteil zu ziehen und Figuren auf nun geschwächte Felder, so auf c5, zu bringen suchen. Dem entgegenzuarbeiten müßte Weiß seine Damenflügelbauern ziehen und in den Bereich der schwarzen Streitkräfte bringen, beziehungsweise den schwarzen Figuren neue Felder einräumen. Auf diese Art kann durch den Damenbauervorstoß leicht die Initiative an Schwarz übergehen.

Schwarz legt sich einen anderen Plan zurecht, er will auf dem Königsflügel selbst handeln. Bald jedoch sieht er den Irrtum ein und bringt seine Figuren zurück; der Zeitverlust aber gewährt Weiß einen winzigen Vorteil, dessen Vergrößerung bis zum Siege möglich wird.

1. d3—d4 Lc8—g4
2. d4—d5 Sc6—e7

In Übereinstimmung mit dem Gesagten wäre es besser gewesen, den Springer nach b8 zurückzunehmen, um ihn über d7 oder a6 nach b4 oder c5 zu führen. Schwarz hat aber f7—f5 im Auge.

3. Dd1—d3 Dd8—d7
4. Sf3—d2 Lg4—h3

Wir bemerken, daß Weiß seine Figuren auf den Damenflügel verschiebt, Schwarz aber Operationen auf der Königsseite vorbereitet. Nachdem Schwarz das Fehlerhafte seines Beginnens erkannt hat, kehrt er, ohne die weiße Königsstellung geschwächt zu haben, zur Verteidigung zurück. Diese hat er sich freilich schon schwer gemacht. Das vorliegende Spiel zeigt uns eine vierte Art ausgeglichener Stellungen: infolge falscher Abschätzung verschlechtert ein Spieler seine Stellung und kann auch nach der Erkenntnis und Einstellung seiner fehlerhaften Kampfweise das Gleichgewicht nicht wieder herstellen:

5. a2—a4 . . . .

Damit beginnt Weiß ein energisches Spiel auf der Damenseite; die erste Absicht dieses Vorgehens gilt der Vorbereitung des Springerzuges Sd2—c4, von wo ihn Schwarz durch b7—b5 vertreiben könnte. Der tiefere Sinn des Bauernzuges ist ein beginnender Druck auf die feindlichen Bauern mit dem Streben, einen derselben abzutauschen und mit Hilfe der auf diese Weise erlangten offenen Linie den anderen geschwächten Bauern anzugreifen. Bemerkenswert ist, daß keiner der Gegner die c-Linie besetzt, deren Besitzergreifung nur den Abtausch der Türme herbeiführen würde.

5. . . . . Lh3—g2:
6. Kg1—g2: Te8—b8

Nun sucht Schwarz noch Chancen am Damenflügel und hofft, eine offene auf einen rückständigen weißen Bauern zielende Linie in die Hand zu bekommen. Die Aussichten sind aber keineswegs mehr beiden Spielern gleich günstig: Schwarz spielt mit zwei Figuren am Damenflügel weniger und Weiß hat alle Aussicht, nicht nur den angegriffenen eigenen Bauern zu decken, sondern auch Kraft genug, alle seine Figuren gegen den feindlichen Bauern zu konzentrieren.

Das ist das Ergebnis des Bauernvorrückens nach d5. Weder der Springer noch der Läufer des Schwarzen können nach der Damenseite herüber, eine Folge des schwachen Rückzuges des Springers nach e7. Versuchte dieser jetzt die Rückkehr, so würde ihm nur eine sehr klägliche passive Rolle zufallen.

Es muß darauf hingewiesen werden, daß Schwarz seinen Gegner in der Öffnung der Linien auf der Damenseite nicht unterstützen sollte, Schwarz täte gut, die jetzige Stellung, die noch keine Schwächen aufweist, aufrechtzuerhalten und es Aufgabe des Weißen sein zu lassen, den passiven Widerstand zu brechen.

7. Sd2—c4	b7—b5
8. a4—b5:	Dd7—b5:

Nun wird das Spiel klar: Weiß greift Ba7, Schwarz Bb3 an.

9. Ta1—a3	Se7—g6

Dieser Zug ist jetzt ganz unlogisch, der Springer sollte nach der Damenseite zurückgebracht werden. Er hätte allenfalls Sinn, wenn er auf dem Umwege über f8 und d7 herübergeholt würde, aber Schwarz unterläßt dies.

10. Tf1—a1	a7—a6
11. Lb2—c1	....

Bisher stand der Läufer auf dem Flügel und zielte gegen das Zentrum, jetzt soll er von diesem aus die feindliche Damenseite angreifen. Wie hat Weiß zu ziehen, damit sein Angriff mit Erfolg gekrönt werde? Ba6 kann unter den Schutz der Dame und der beiden Türme gestellt werden, zu welchem Zwecke einer der Türme nach a7 oder nach b6 gehen muß. Beides wird aber durch den Zug Lc1—e3 unterbunden. Auch die Verteidigung durch die Dame kann ausgeschaltet werden, weil sie Weiß mit der eigenen Dame angreift, sobald diese gedeckt ist. Um aber Ba6 mit dem Ta3 schlagen zu können, muß dieser Turm von der Verteidigung des Bb3 durch Sc4—d2 befreit werden. Zu dieser Umgruppierung braucht Weiß drei Züge: Lc1—e3, Dd3—f1, Sc4—d2.

Wieviel Zeit braucht Schwarz zur Deckung seines Bauern? Sein Springer käme in zwei Zügen nach c8, deckt aber dort nichts, nimmt er den Umweg über f8, so benötigt er drei Züge nach d7. Deckt er dann von c5 aus, so wird er vom Läufer geschlagen; will er Ba6 von b8 aus schützen, so muß der Turm das Feld erst räumen. Mithin sind zu dieser Operation fünf Züge nötig. In der Zwischenzeit kommt Sc4 nach d2 und deckt auch Be4, wodurch das Ablenkungsmanöver f7—f5 seine Wirkung einbüßt. Aus allem folgt, daß Ba6 verloren ist und damit auch das Spiel, denn Weiß bekommt einen Freibauern und die Stellung seiner Bauern und Figuren ist überhaupt wesentlich vorteilhafter. Zu diesem Ende führte der Zeitverlust, eine Folge des wenig tief angelegten Planes, der sich auf eine unrichtige Einschätzung der Stellung aufbaute. In zehn Zügen ist die ursprünglich gleichwertige Stellung verloren!

11.	....	Tb8—b7
12.	Lc1—e3	f7—f6
13.	f2—f3	....

Sehr gut! Vor der Ausführung der Drohung müssen die feindlichen Angriffsmöglichkeiten durchkreuzt werden. Spielte Weiß sofort 13. Dd3—f1, so käme die Antwort: f6—f5 und nach 14. f2—f3, f5—e4: 15. f3—e4:, Tb7—f7 mit starkem Angriff, der die Durchführung des weißen Planes vereitelte. Nun aber kann Schwarz f6—f5 nicht spielen. Tut er es nach dem Rückzug der Dame nach f1 dennoch, so hat Weiß Zeit zu Sc4—d2 mit Angriff auf die Dame und neuerlicher Deckung des Be4.

13.	....	Sg6—e7
14.	Dd3—f1	Se7—c8
15.	Sc4—d2	....

Die angestrebte Stellung ist erreicht und der schwarze Bauer verloren.

15.	....	Db5—b4
16.	Df1—c4	....

Weiß will sein Spiel noch mehr verstärken und erzwingt vorher den Damentausch in der Absicht, die feindliche Dame nicht nach c3 zu lassen, sobald er Ba6 geschlagen hat.

16.	....	Db4—c4:
17.	Sd2—c4:	Ta8—b8
18.	Sc4—d2	....

Dasselbe! Der weiße Bauer wird durch den Springer gedeckt und Ba6 fällt.

18.	....	Tb7—c7
19.	Ta3—a6:	Tc7—c2
20.	Ta6—a2	Tc2—a2:
21.	Ta1—a2: und gewinnt ohne Schwierigkeit.	

Damit beschließen wir das Kapitel über ausgeglichene Stellungen.

Wir stellten fest, daß der Hauptfehler strategischer Natur war, ein schlechter Plan, gegründet auf eine falsche Abschätzung der Stellung. Ob der Spieler an seinem Plan festhält, ob er ihn aufgibt oder überhaupt unentschlossen in der Spielführung ist, in allen Fällen wird die Stellung schlechter und offenbart ihren Charakter, was dem Gegner den Vorteil und schließlichen Sieg einbringt.

Alle in ausgeglichenen Stellungen anwendbaren Methoden sind uns schon von früher her bekannt. Sie erheischen nur besondere

Sorgfalt und Vorbereitung auf das aktive Spiel. Man hat sich größte Zurückhaltung während des passiven Spieles aufzuerlegen, muß aber stets bereit sein, den Gegenangriff zu beginnen.

Wenn man bei ungleichwertiger Stellung öfter vor die Entscheidung zwischen Mattangriff und Anstreben des Endspieles gestellt ist, hat man bei ausgeglichenen Stellungen das Hanptgewicht auf genaues Verständnis der Position und korrekte Strategie zu legen. Die Wertung hat sich nicht bloß auf die vorliegende, sondern auch auf die in gewisser Zeit wahrscheinlich erreichte Stellung zu erstrecken.

Deswegen kamen wir bei den ausgeglichenen Stellungen öfter auf die Abschätzung der Stellung und die Entwicklung des Planes zurück und hoffen, daß wir nun den Leser damit genügend vertraut gemacht haben.

Teil III.

Beispiele.

Kapitel I.

Einleitung.

Wir haben nun die Theorie des Mittelspieles in seinen Grundzügen entwickelt.

Wir studierten erst die Abschätzung der Stellung, die Grundlage jedes einzelnen Spieles und den Sinn des Spieles überhaupt, und dann auf Grund dieser Wertung die Entwicklung und Ausführung des Spielplanes.

Wir lernten nicht nur, an welcher Stelle des Brettes und in welchem Tempo das Spiel zu führen sei, sondern auch, welche Figuren für den Hauptangriff bestimmt und welche für die Verteidigung zurückgehalten werden sollen.

Vor allem aber wiesen wir darauf hin, daß die klare Erkenntnis, auf welcher Seite der Vorteil liegt und worin er besteht, Grundbedingung ist. Zwei Gesichtspunkte müssen uns bei der Spielführung leiten: zu trachten, allmählich unseren Vorteil bis zum Sieg zu vergrößern und unsere Schwächen durch kühne Züge zu überwinden, um der Niederlage zu entgehen.

Wir konnten nicht für alle Einzelheiten Beispiele bringen und nur kurz feststellen, was in jeder Stellung angestrebt werden muß. Jedenfalls sind wir zur Annahme berechtigt, daß der Leser jetzt mit der Abschätzung vertraut sei, daß er den Charakter einer Stellung erkenne und herausfinde, auf welcher Seite der Vorteil liegt und worin er besteht, und endlich in Hinblick auf diese Ermittlungen sein Spiel einrichte.

Wir geben nun eine Anzahl von Beispielen, die dem Studierenden einige Stellungen, wie wir sie vorher besprachen, vorführen sollen. Wir geben keine ins einzelne gehenden Beschreibungen, gehen auf die verschiedenen Varianten und Drohungen nicht ein und überlassen dies dem damit schon vertrauten Leser. Einige Beispiele beschränken sich auf die Wiedergabe der geschehenen Züge ohne jede Erklärung, andere sind mit einigen kurzen Bemerkungen versehen.

Wir halten an der früheren Anordnung fest und behandeln gleiche, überlegene und schwächere Stellungen und fassen die Beispiele in Hinblick auf die Spielelemente in Gruppen zusammen. Manöver, Angriff und Verteidigung, Tempo des Spieles und die mitwirkenden Kräfte sollen einzeln in solchen Gruppen behandelt werden. Ein besonderes Kapitel ist den überaus wichtigen und verwickelten Fällen des Zusammenstoßes gewidmet. Wir brauchen nicht vom Einfachsten zum Komplizierten vorzugehen, sondern können den normalen Spielverlauf im Auge haben und deswegen die Manöver an die Spitze setzen. Angriff und Verteidigung können an dem gleichen Beispiele erklärt werden.

Kapitel II.

Manöver.

1. Manöver auf dem ganzen Brett.

(Diagramm 76.)

H. Süchting.

C. Schlechter.
Diagramm 76.

1. d4—e5: Lf6—e5:
2. Sf3—e5: Sc6—e5:
3. f2—f4 Se5—c4
4. Le3—c1 a5—a4
5. Lb3—c2 Dc8—a6

Schwarz scheint seinen Gegner recht zu bedrängen, dieser aber vertreibt zunächst den Springer, worauf die wenig befriedigende Stellung der übrigen schwarzen Figuren und die ausgezeichnete Position des Weißen zur Geltung kommen. Der augenblickliche schwarze Vorteil verflüchtigt sich und der weiße Raumgewinn wird offenbar.

6. Ta1—b1 Da6—b6†
7. Kg1—h2 Db6—c5
8. Dd1—d3 g7—g6
9. b2—b3 a4—b3:
10. a2—b3: Sc4—b6

Der Leser versteht die Stellung abzuschätzen und den ihr innewohnenden weißen Vorteil herauszufinden, den Plan zu entwerfen und die Angriffsrichtung festzulegen und das Tempo der Ausführung sowie den Wechsel der Drohungen zu bestimmen.

11.	Lc1—e3	Dc5—c6
12.	Le3—d4	Se8—g7
13.	Dd3—d2	f7—f6
14.	Tb1—a1	Tb8—e8
15.	Te1—f1	Ld7—c8
16.	Lc2—d3	Te8—e7
17.	Ta1—a5	b5—b4
18.	c3—b4:	Lc8—e6
19.	Ld3—b5	Dc6—b7
20.	Dd2—c3	Db7—c8
21.	e4—e5	und gewinnt.

2. Manöver im Zentrum.

(Diagramm 77.)

Stellungen ohne lange Schußlinien und mit vielen Figuren bieten den Springern ein weites Betätigungsfeld. Schwarz hat seine Figuren im Zentrum seines Spieles zusammengeballt und gedeckt. Eine Schwäche bildet Ba6, während dem Weißen die vorzüglichen Felder c5 und e5 für die Springer zur Verfügung stehen.

1.	Se2—c1	Tc8—c7
2.	Sc1—b3	Sc6—a5
3.	Sb3—c5	Sa5—c4
4.	Ld3—c4:	d5—c4:
5.	Sf3—e5	....

Ld7 ist zweimal, Bc4 einmal angegriffen. Falls 5. ...., Ld6—c5:, so geht nach d4—c5: eine Figur verloren.

5.	....	Ld6—e5:
6.	Lf6—e7:	....

Auf die Entgegnung 6. ...., Tf8—e8 folgt 7. d4—e5:, Te8—e7:; 8. Sc5—e4 mit den Drohungen Se4—f6 und Dd1—d6. Deswegen opfert Schwarz die Qualität.

6.	....	Le5—d6
7.	Le7—f8:	Ld6—f8:
8.	Sc5—d7:	Tc7—d7:

Das Weitere ist für uns ohne Interesse.

3. Manöver auf den Flügeln.

(Diagramm 78.)

Wir befinden uns noch im Stadium der Eröffnung, aber beide Partner beginnen ihre Manöver, ohne die Entwicklung aller Figuren abzuwarten.

1. f4—f5 e6—f5:
2. Dd3—f5: Sg8—e7

Deckt gegen das Damenschach auf c8, entwickelt den Springer und vertreibt die feindliche Dame: ein Beispiel für die mit Manöver verbundene Figurenentwicklung.

3. Df5—f2 Se7—g6
4. h2—h4 Lf8—e7

A. K. Rubinstein.

A. A. Aljechin.
Diagramm 77.

Dr. S. Tartakower.

R. Spielmann.
Diagramm 78.

5. h4—h5 Sg6—f8

Ein großartiges Beispiel der Springerentwicklung: nach seinem erzwungenen, wirkungslosen Rückzug gewinnt er ein ausgezeichnetes Standfeld.

6. Sg1—e2 Sf8—e6
7. c2—c3 c6—c5

Nach Entwicklung des Königsflügels und Abwehr des ersten feindlichen Ansturmes beginnt Schwarz mit Manövern auf dem Damenflügel.

8. Se2—f4 Se6—f4:
9. Lc1—f4: c5—d4:
10. c3—d4: Sb8—c6
11. Lf4—e3 0—0

12. h5—h6 g7—g6
13. Sb1—c3 f7—f6

Schwarz spielt ausgezeichnet und erhält einen Vorteil am Königsflügel, welcher auf Seite des Weißen durch die überstürzten Manöver geschwächt ist.

14. e5—f6: Tf8—f6:
15. Df2—d2 Le7—b4

In Erwartung der weißen langen Rochade bereitet Schwarz einen Angriff gegen diese vor. Weiß hat aber keine Wahl, denn die kurze Rochade ist unmöglich.

16. 0—0—0 Sc6—a5
17. Kc1—b1 Sa5—c4

und Schwarz kann einen Angriff einleiten, gegen den Weiß schwerlich eine Verteidigung zu erfinden vermag.

4. Bauernmanöver.

(Diagramm 79.)

Weiß hat seinen Gegner in der Entwicklung überflügelt und hält die Zeit zu einem Durchbruch für gekommen, zumal der schwarze König noch in der Mitte steht. Er ergreift aber nicht alle Vorsichtsmaßregeln gegen die schwarze Drohung, die sich gegen die weißen Figuren auf den ersten drei Reihen richtet. Sie sind in der Mitte zusammengeballt. Wegen der Unvorsichtigkeit verliert Weiß seinen Vorteil schnell und krankt an der Schwäche des Doppelbauern auf der c-Linie.

R. Spielmann.

M. Vidmar.
Diagramm 79.

1. e3—e4 e6—e5

Mit der Drohung, auf 2. e4—f5: mit e5—e4 eine Figur zu gewinnen.

2. f2—f4 f5—e4:
3. Ld3—e4: Sf6—e4:
4. Dc2—e4: Lc8—f5

Schwarz beginnt bereits Weiß in der Entwicklung zu überflügeln und bringt seine Figuren mit direkten Drohungen heraus. Auch gewinnen diese bessere Felder als jene des Feindes.

5. De4—e3 Sb8—d7
6. f4—e5: d6—e5:

7. Se2—g3 0—0
8. Lc1—d2 Ta8—e8
9. Ta1—e1 Db6—d6

Die weißen Bauern werden Angriffsobjekte und der Doppelbauer gestattet weder den Bauernabtausch noch das Vorgehen des d-Bauern. Nun beginnt das Spiel der Figuren, wobei Schwarz einen Bauern erobert.

Kapitel III.

Angriff.

1. Angriff im Zentrum.

(Diagramm 80.)

Diese Stellung kann als Beispiel für den Zentrumsangriff dienen, wenn der feindliche König auf dem Flügel steht. Der Angriff zielt auf den feindlichen König, genauer gesagt auf den Punkt f7. Wir werden Beispiele von Zentrumsangriffen sehen, wo der König im Mitteltreffen steht, ferner solche, in denen sich der Kampf im Zentrum abspielt, während der König seitwärts postiert ist.

A. Burn.

Dr. S. Tarrasch.
Diagramm 80.

In der vorliegenden Stellung hat Weiß einen Bauern geopfert und ein Tempo verloren. Seine Figuren stehen aber besser als die feindlichen, die in der Mitte auf die drei ersten Reihen zusammengedrängt sind. Der schwarze Se5 wird mit Tempoverlust vertrieben.

1. f2—f4 Se5—c4
2. e4—e5 Sf6—e8
3. Lg5—e7: Dd7—e7:
4. Sc3—b5: d6—e5:
5. Dd1—d5 ....

Greift Turm und Springer an und leitet den Angriff auf Bf7 ein.

5. .... Sc4—b6
6. Dd5—e5: De7—b4
7. Tf1—e1 g7—g6

Deckt das drohende Matt und ermöglicht die Wiederentwicklung des Springers.

8. Sb5—d4 ....

Droht Sd4—c6—e7† nebst De5—h8 matt.

8. .... Se8—g7

Nun droht Schwarz durch c7—c5 eine Figur zu erobern.

9. Te1—d1 ....

Die Dame soll der Deckung des Sd4 enthoben und Bc7 bedroht werden. Auch der Angriff gegen Bf7 liegt in der Luft.

9.	....	c7—c5
10.	Lb3—f7:+	Kg8—f7:
11.	Sd4—c6	Db4—b3
12.	De5—e7†	Kf7—g8
13.	Td1—d8†	Ta8—d8:
14.	De7—d8:+	Sg7—e8

Nach Kg8—f7; 15. Sc6—e5†, Kf7—e6; 16. Dd8—g8† ginge die Dame verloren.

15. Dd8—e8:+ und gewinnt.

2. Zentrums- und Flügelangriff kombiniert.

(Diagramm 81.)

Diese Stellung ist deswegen besonders interessant, weil eine ähnliche sehr häufig im Ruy Lopez vorkommt. Sie zeigt den Zentrumsangriff in Verbindung mit einer Attacke gegen den feindlichen Königsflügel, zunächst mit Hilfe des Ta1, der die einzige offene Linie besetzt hält und nun ein Musterbeispiel für den Flankenangriff gibt.

G. Salwe.

C. Schlechter.
Diagramm 81.

1. Ta1—a6 Tb8—a8
2. d4—e5: Ta8—a6:

Schlägt Schwarz nicht, so wird er sich schwerlich gegen den Be5 schützen können. (Der beste Zug wäre Sf6—e4:.) Der schwarze Turm soll aber jetzt den Königsflügel von der Flanke her decken. Deswegen trachtet Weiß das Vorrücken des Bd6 zu unterbinden.

3. e5—f6: g7—f6:
4. Se3—d5 ....

Zielt auf Bf6 und Dc7 und greift gleichzeitig Bh6 an.

4.	....	Le6—d5:
5.	e4—d5:	Kg8—g7
6.	Sf3—h4	....

Der Leser wird den engen Zusammenhang der weißen Züge merken: jetzt droht Te1—e7: entweder den Springer oder die Dame zu gewinnen. Zieht der Springer, so folgt Sh4—f5† nebst Dd2—h6:. Der Textzug hat ferner die dritte Reihe für den Turm geräumt, damit dieser seinen Angriff auf der g-Linie eröffnen kann. Der Turm darf aber wegen Ta6—a1† die erste Reihe noch nicht verlassen und Weiß muß gegen dieses Matt Vorsorge treffen. Kommt der weiße Turm zum Schach auf g3, so ist der schwarze Bh6 verloren. Schwarz muß dieses Schach verhüten, eröffnet aber dadurch dem Gegner neue Drohspiele.

6.	....	Tf8—e8
7.	h2—h3	Dc7—d8
8.	Te1—e3	Se7—g6
9.	Sh4—f5†	Kg7—f8
10.	Te3—e6	....

Ausgezeichnet! Gegen Bh6 wird ein Angriff eröffnet und der schwarze König kann dem gefährdeten Flügel nicht entrinnen. Wieder steht ein weißer Turm auf der 6. Reihe!

10.	....	Te8—e6:
11.	d5—e6:	....

Wieder vorzüglich! Der König kann nicht ziehen, er steht unter Mattdrohung, desgleichen droht Springerverlust.

11.	....	d6—d5
12.	Dd2—h6:†	Kf8—e8
13.	e6—f7:†	Ke8—f7:
14.	Dh6—h7†	Kf7—e6
15.	Dh7—g6: und gewinnt ohne Schwierigkeit.	

Dies mag als Beispiel für einen Angriff auf dem ganzen Brett gelten: dem ersten Turmopfer am Damenflügel folgt ein zweites im Zentrum, worauf sich der Angriff gegen den Königsflügel mit Bh6 als Zielpunkt richtet.

3. Angriff auf den in der Mitte stehenden König.

(Diagramm 82.)

1.	Dg3—e5:	Tf8—e8
2.	De5—f4	Le7—b4
3.	f2—f3	b7—b5
4.	La4—b5:	c7—c6
5.	Lb5—a4	Dd8—a5

6. La4—b3 Lc8—a6

Schwarz hat für das Opfer der zwei Bauern eine herrliche Angriffsstellung erlangt. Seine Figuren stehen ausgezeichnet und zielen auf den an der Rochade verhinderten König. Alles hängt von der Frage ab, ob der Be4 den gegen ihn gerichteten Angriffen standhält. Mit seinem Fall ist das Schicksal der weißen Stellung besiegelt. Durch d3 läßt sich der Bauer nicht decken, denn nach dem Abtausch auf c3 ginge der Ta1 verloren. Weiß kann zwar Ke1—d1 ziehen, was aber auch die Entwicklung des Damenflügels nicht fördert. In bezug auf Zeit und Raum waren beide Spieler gleich.

7. Sc3—d1 d7—d5
8. Sd1—f2 d5—e4:
9. f3—e4: Lb4—c5

Damit geht Be4 und das Spiel verloren.

Dr. J. Perlis.

A. Niemzowitsch.
Diagramm 82.

R. Réti.

R. Spielmann.
Diagramm 83.

10. c2—c3 Lc5—f2 ⁜
11. Df4—f2: Te8—e4 ⁜
12. Ke1—d1 La6—d3

Blockiert den Kd1 und droht Da5—h5†

13. Df2—f3 Ld3—e2†
14. Df3—e2: Te4—e2:
15. Kd1—e2: Da5—h5† und gewinnt.

(Diagramm 83.)

Das Wesentliche dieser Stellung ist folgendes: der schwarze Ke8 steht unter dem Schutze des Bd5. Sollte dieser fallen, so entscheiden die weißen Zentrumsbauern das Spiel. Der König könnte sich durch die bereits vorgesehene lange Rochade retten, wobei Lc8—e6 noch den Bd5 decken würde. Aus diesem Grunde muß Weiß den geplanten Zug erschweren.

So dreht sich alles um den Vormarsch der Mittelbauern und die Öffnung der mittleren Linien gegen den König; das Mittel hierzu bilden die offene b-Linie für den Turm und die Diagonalen für die Läufer.

1. Ta1—b1 Sc6—d8
2. c3—c4 Lc8—e6
3. Sg2—e3 d5—c4:

Deckt Schwarz den Bauern durch c7—c6, so tauscht Weiß, fährt mit c2—c4 fort und wird stets eine offene Diagonale erhalten, um den König von b5 aus anzugreifen.

4. Ld3—e4 ....

Weiß droht nicht nur b7 zu schlagen, sondern auch d4—d5 zu spielen und den jetzt entwickelten Läufer als Angriffsobjekt zu nehmen.

4. .... c7—c6
5. d4—d5 ....

Natürlich gewann auch das Qualitätsopfer 5. Tb1—b7:, Sd8—b7:; 6. Le4—c6+ leicht.

5. .... Lf8—c5

Um die Katastrophe hinauszuschieben, opfert Schwarz eine Figur.

6. Kg1—h1 Lc5—e3:
7. d5—e6: Sd8—e6:

Weiß drohte Dd1—d7 matt.

8. Lf4—e3: Dh5—e5:
9. Le4—h7: Tg8—h8
10. Tf1—f7: Ta8—d8
11. Dd1—g4: und gewinnt.

4. Angriff auf beiden Flügeln.

(Diagramm 84.)

Weiß hat zwei Bauern erobert, die bessere Stellung und sollte das Spiel gewinnen, doch vermag das Fehlen offener Linien, die Pattstellung des Tg3 und die schwarze Drohung, Bf5 zu schlagen, den Sieg zwar nicht sehr zu erschweren, aber in weite Ferne zu rücken. Daher muß durch Öffnung einer Linie der Einbruch ins feindliche Lager versucht werden, damit die starke Stellung des Lc6 ausgenützt werde.

1. Tg3—g5: h6—g5:
2. Dh5—h7† Sc5—d7
3. Lc6—d7: Dc8—g8
4. Tb4—b7† Kc7—b7:
5. Ld7—c8†† Kb7—a8
6. Dh7—g8: und gewinnt.

5. Angriff auf die kurze Rochade.

(Diagramm 85.)

In diesem Falle ist der Zeitpunkt und Art des einzuleitenden Angriffes noch schwierig zu bestimmen. Nach sorgfältiger Analyse finden wir, daß Weiß schwache Bauern auf e2 und f2 hat und Schwarz seinen e- und f-Bauern vorrücken kann, weil Weiß den d- und g-Bauern gezogen hat. Ist dieses Hindernis bezwungen, so

S. Winawer.

J. Mason.
Diagramm 84.

S. Lewitzki.

A. A. Aljechin.
Diagramm 85.

vermag Schwarz den weißen Königsflügel aufzureißen. Vorher aber muß er die sich entgegenstellenden Figuren ihrer Wirkungskraft berauben und deren Felder mit eigenen besetzen.

1. .... Sf6—d5:

Räumt die Linie für den f-Bauern.

2. Lg2—d5: Sc6—d4

Nimmt Be2 aufs Korn.

3. Db3—d1 Le6—g4

Neuerlicher Angriff auf Be2.

4. Tf1—e1 ....

Dadurch wird Bf2 geschwächt, gegen den sich nun der schwarze Angriff richtet.

4. .... c7—c6

Um f7—f5 zu ermöglichen.

5. Ld5—g2 f7—f5

Droht f5—f4 und Öffnung der f-Linie für den Turm zum Angriff auf f2.

6. h2—h3 Lg4—h5
7. b2—b4 Lc5—a7
8. Sd2—b3 f5—f4
9. g3—g4 ....

Schließt zwar die Läuferdiagonale und verhindert die Öffnung der Turmlinie, bietet aber der feindlichen Dame die Möglichkeit, mit einer neuen Drohung gegen Bf2 ins Spiel zu kommen.

9. .... Dd8—h4
10. c4—c5 ....

Schließt die zweite Läuferdiagonale. Wir sehen einen harten Kampf um die offenen Linien!

10. .... Sd4—b3:
11. Dd1—b3+ Lh5—f7

Der Läufer entzieht sich nicht nur ohne Tempoverlust dem feindlichen Bauern, sondern droht auch eine neue, gegen die gegnerische Königsstellung gerichtete Diagonale zu besetzen.

12. Db3—c3 ....

Bc5 muß gedeckt werden.

12. .... h6—h5

Wird der Bauer geschlagen, so kommt der Läufer wieder ins Spiel und es droht f4—f3. Vorläufig gibt es keinen Schutz für den Bauern. Weiß öffnet daher seiner Dame den Weg nach dem bedrohten Flügel und enthebt sie der Verteidigung des Bc5.

13. d3—d4 h5—g4:

Schwarz schlägt nicht den d-Bauern, weil Weiß dadurch die starke Diagonale a1—g7 eingeräumt erhielte und Bf4 zu schlagen drohte.

14. h3—g4: Lf7—d5

Nach Dh4—g4: würde sich Weiß gut entwickeln: d4—e5: nebst f2—f3 usw. Nun aber wird der einzige weiße Bauer, der den Königsflügel deckt, vernichtet.

15. d4—e5: Ld5—g2:
16. Kg1—g2: Dh4—g4+
17. Kg2—f1 d6—c5:

Durch weiteres Vorgehen dieses Bauern soll die Diagonale des Läufers wieder geöffnet werden.

18. b4—c5: La7—c5:!
19. Dc3—c5: Dg4—h3†

20. Kf1—g1 Tf8—f5
21. Dc5—c4† Kg8—h8

Das weiße Spiel ist verloren: es droht Matt und Turmverdopplung. Falls 22. Lc1—f4:, so Dh3—g4† und gewinnt den Läufer.

22. Dc4—f4: Tf5—f4:
23. Lc1—f4: Tb8—f8 und gewinnt.

6. Bauernopfer zum Zwecke der Linienöffnung.

(Diagramm 86.)

Das erste Ziel ist die Linienöffnung, das zweite, in der schwarzen Stellung dadurch eine Schwäche hervorzurufen, daß man einen der Bauern zum Vorrücken zwingt.

Dr. S. Tartakower.

L. Forgacs.
Diagramm 86.

1. f4—f5 e6—f5:
2. g3—g4 f5—g4:
3. Sf3—g5 ....

Damit erzwingt Weiß das Vorgehen eines schwarzen Bauern. Wenn h7—h6, so folgt Sg5—h7 und eine weiße Figur kommt nach f6.

3. .... g7—g6
4. Tf1—f6 ....

Droht vierfachen Angriff auf den Bf7 und Sg5—h7: nebst Dd2—g5.

4. .... Kg8—g7
5. Te1—f1 Ld7—e8
6. Dd2—f4 Sc6—d8
7. e5—e6 ....

Der dritte Bauer wird geopfert, er ist aber klarerweise nicht zu schlagen.

7. .... Ta8—a6
8. Df4—e5 Kg7—h6
9. Tf1—f5 f7—e6:
10. Sg5—f7† De7—f7:
11. Tf5—h5† Kh6—g7
12. Tf6—g6: und setzt matt.

7. Aufreißen der feindlichen Bauernstellung durch die eigenen Bauern.

(Diagramm 87.)

Die feindliche, etwas in Unordnung geratene Bauernstellung gestattet hier den Angriff, wobei gleichzeitig ohne Zeitverlust und unter ständigen Drohungen die beiden Springer zurückgetrieben werden können.

1. Se3—g4 Kh8—g7
2. Lf2—e3 ....

Der Läufer zieht auf die entscheidende Diagonale und deckt so das Vorgehen der Bauern.

2. .... Sh5—f6
3. Sg4—f6: Kg7—f6:

Dr. S. Tarrasch.

C. Schlechter.
Diagramm 87.

C. Schlechter.

Dr. S. Tarrasch.
Diagramm 88.

4. g2—g3 Sf4—g6
5. f3—f4 e5—f4:
6. g3—f4: g5—f4:
7. Le3—f4: Sg6—f4:

Schwarz hat nun keine einzige Verteidigungsfigur.

8. Dd2—f4+ Kf6—g7
9. Te1—g1† Kg7—h7
10. Df4—f6 und gewinnt.

Stärker war wohl noch Td1—d3 mit der Drohung Df4—h6+.

8. Bauernsturm.

(Diagramm 88.)

Die schwarze Bauernstellung ist schlecht, aber der schwarze König in seiner Rochadestellung steht unter dem Schutze des Läufers.

Dessen Wirkungskraft zu vernichten oder ihn vom Königsflügel zu vertreiben, muß sich Weiß zur Aufgabe machen und zu diesem Zwecke Bf4 nach f6 vorrücken. Zur Ausführung dieses Planes darf nicht der Läuferbauer, den Angriff auf den feindlichen g-Bauern unternehmen, sondern muß dies dem Turmbauern überlassen.

1. g3—g4 Tb8—f8
2. g4—g5 Lf6—g7
3. Kg2—g3 ....

Damit der h-Bauer vorgehen könne und der f-Bauer gedeckt werde. Es wäre besser, letzteres noch durch Tc2—f2 zu tun, weil dann Schwarz nicht in der Lage ist, durch ein Turmopfer (Tf8—f4:; 4. Kg3—f4:, Lg7—e5† usw.) Dauerschach herbeiführen.

3. .... Dd7—a7
4. Tc2—c1 h7—h6

In schlechterer Stellung soll man nie offene Linien schaffen und keinesfalls Bauern isolieren oder abtauschen. Schwarz sollte es dem Gegner überlassen, seine Stellung zu zertrümmern, nicht aber selbst daran mithelfen.

5. h3—h4 h6—h5

Jetzt kann Weiß den f-Bauern vorstoßen.

6. f4—f5 g6—f5:
7. e4—f5: Tf8—e8
8. f5—f6 Lg7—f6:

Auf Te8—e3† opfert Weiß die Dame und gibt in wenigen Zügen mit Hilfe von Tc1—c8† matt.

9. g5—f6: Da7—d7
10. Dd3—g6 Schwarz gibt auf.

9. Angriff mit den Läufern.

(Diagramm 89.)

1. Ld3—h7 ⊹ Kg8—h7:
2. De2—h5 ⊹ Kh7—g8
3. Le5—g7: Kg8—g7:
4. Dh5—g4† Kg7—h7
5. Tf1—f3 e6—e5
6. Tf3—h3† Dc6—h6
7. Th3—h6 ⊹ Kh7—h6:
8. Dg4—d7 und gewinnt.

10. Angriff mit den Springern.

(Diagramm 90.)

Die Schwäche der schwarzen Stellung bilden das Bauernpaar g7 und h6 und der Punkt g5. Schwarz kann mit keinem Bauern ziehen. Sobald Weiß seinen zweiten Springer vorgebracht hat, droht er g7 zu schlagen und sich auf h6 zu stürzen. Nebenbei kommt ihm die Beweglichkeit der eigenen Bauern, etwa g4—g5 zugute.

1. Se2—g3 Da2—c2:

Droht Damentausch durch Dc2—c5.

2. Td1—c1 Dc2—b2

Zur Verteidigung des Königsflügels, doch kommt Weiß zuvor.

3. Sg3—h5 Tf8—h8
4. Te1—e2 Db2—e5
5. f3—f4 ....

Vertreibt die Dame aus ihrer Bg7 schützenden Stellung.

J. H. Bauer.

Dr. Em. Lasker.
Diagramm 89.

Dr. O. S. Bernstein.

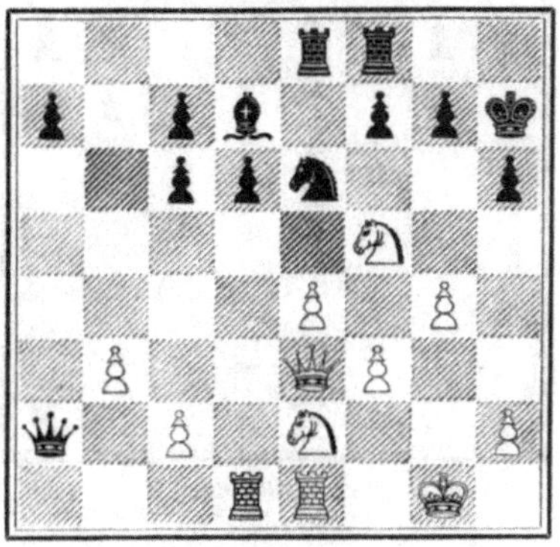

J. R. Capablanca.
Diagramm 90.

5. .... De5—b5
6. Sf5—g7: ....

Droht Qualitätsgewinn. Der Springer kann nicht genommen werden wegen 7. Sh5—f6†. Geht der Turm nach d8, so folgt Sg7—e6:, Kg1—h1 und Schwarz ist gegen De3—d4 oder De3—c3 wehrlos.

6. .... Se6—c5
7. Sg7—e8: Ld7—e8:
8. De3—c3 f7—f6
9. Sh5—f6+ und gewinnt.

11. Angriff auf die lange Rochade.

(Diagramm 91.)

Der durch die lange Rochade herbeigeführte Unterschied liegt vor allem in der Stellung des Königs auf c1. Dadurch ist Ba2 ungeschützt. Wird er geschlagen oder angegriffen, so kann eine

Figur zur Verteidigung nach b1 und dem König wird die Möglichkeit geboten, über d2 zu entkommen.

1. .... b7—b5
2. Sd2—f1 Dd8—a5
3. Sf1—e3 ....

Besser war, den Ba2, auf den Schwarz mit seinen Bauern losstürmt, zu decken.

3. .... Da5—a2:

Schwarz glaubt sich stark genug, den Angriff durchzuführen, und bringt alle seine Figuren auf den Angriffsflügel herüber, was besonders zu bemerken ist.

J. Mieses.

J. Breyer.
Diagramm 91.

4. Se3—f5: g6—f5:
5. Sf3—d2 c5—c4
6. Sd2—b1 b5—b4

Nun droht c4—c3 und b4—b3.

7. c2—c3 Ta8—b8

Zwingt Weiß zum Tausch und zur Linienöffnung.

8. c3—b4: Tb8—b4:
9. Td1—d4 ....

Um c4—c3 zu verhindern.

9. .... Ld7—a4

Schneidet den König von seinen Figuren ab.

10. Th1—f1 ....

Strebt die unglückselige 3. Reihe zu decken, auf der die Widerstandskraft der Bauern völlig gelähmt ist.

10. .... Lg7—f8

Die letzte Figur kommt zum Angriff. Schwarz droht Tb4—b2: und Lf8—a3. Auch wird der Turm gedeckt und c4—c3 kann gegeschehen.

11. Tf1—f3 c4—c3

Der schutzlose Td4 beraubt Weiß jeder Verteidigung.

12. Td4—b4: c3—c2

Eine klassische Stellung bei diesem Rochadeangriff, die beim Angriff gegen die kurze Rochade schwerlich vorkommen dürfte.

13. De2—c2: La4—c2:
14. Kc1—c2: Lf8—b4:

und Weiß gab auf.

Kapitel IV.

Verteidigung.

1. Passive Verteidigung.

(Diagramm 92.)

Weiß droht einen Angriff auf Bb7, der nicht vorrücken kann, ohne durch den a-Bauer angegriffen zu werden. Auch kommt die weiße Dame ohne Tempoverlust mit d3—d4 ins Spiel und zielt bedenklich auf Ba6. Schwarz kann sich decken, indem er Se7—c8—d6 spielt, muß aber vorher noch die Dame in Sicherheit bringen. Kommt diese nach a5, so fesselt sie nicht nur den Springer, sondern hindert auch das Vorrücken des a-Bauern.

Dr. S. Tarrasch.

F. Köhnlein.
Diagramm 92.

Diesem Plan beugt Weiß vor.

1. a2—a4 Db2—b4
2. a4—a5 Kc8—b8
3. Th1—b1 Db4—c5
4. Sc3—a4 Dc5—a7

Um das Feld d6 dem Springer zu reservieren, der von dort aus Bb7 decken soll.

5. c2—c4 ....

Droht, dem Springer das genannte Feld zu nehmen.

5. .... c6—c5
6. Sa4—c3 Se7—c8
7. Sc3—d5 Sc8—d6

Schwarz hat seinen Plan durchgesetzt und droht nun, entweder Bc4 oder Be4 zu schlagen, nachdem Sd5 vertrieben ist. Weiß begegnet dieser Drohung sofort.

8. Kd2—c3 c7—c6

Die schwarze Stellung ist sehr schwierig. Der Textzug soll die Befreiung der Dame vorbereiten, schafft aber auf b6 eine Schwäche und gestattet Weiß, den Angriff gegen Bb7 und Bc5 zu beginnen.

9. Sd5—b6 Kb8—c7
10. Tb1—g1 ....

Es war unnötig, den Angriff vom anderen Flügel her heranzutragen, Weiß konnte sehr gut Sb6—a4 mit der Drohung Tb1—b6, Ta1—b1, Sa4—c5:, Sc5—e6† usw. spielen.

10. .... Td8—g8
11. De2—b2 ....

Weiß greift nun neuerlich am Damenflügel an, aber er hat einen Zug verloren, droht gegen b6 nichts und hält nur die Drohung gegen Bc5 aufrecht.

11. .... Da7—b8
12. Sb6—a4 g7—g6
13. Sa4—c5: Db8—a7
14. Db2—a3 g6—f5:
15. Ta1—b1 ....

Nichts könnte Weiß hindern, erst den Bauern zu schlagen.

15. .... f5—e4:
16. Sc5—b7: Sd6—b7:
17. Da3—e7† Kc7—b8
18. De7—f6: Kb8—a8
19. Tg1—g8+ Th8—g8:
20. Df6—c6: ....

Mit der Drohung Tb1—b6—a6:, doch hat Schwarz infolge des überstürzten weißen Angriffes und des Opfers der Mittelbauern Gegenaussichten.

20. .... e4—d3:
21. Tb1—b6 d3—d2
22. Kc3—d2: Tg8—d8†
23. Kd2—c3 Td8—d6
24. Dc6—c7 Td6—b6:
25. a5—b6: Da7—b8

Dr. Tarrasch bemerkt mit Recht, daß jetzt c4—c5 das Spiel zu Gunsten von Weiß entscheiden müsse, statt dessen geschieht

26. Dc7—h7: Sb7—c5

und Weiß verliert.

2. Passive Verteidigung mit Übergang zum Gegenangriff.

(Diagramm 93.)

1. g2—g4 g7—g6

Weiß wird nicht in der Lage sein, mit seinem Königsläufer und dem h-Bauern einen scharfen Angriff gegen die feindlichen g-Bauern zu eröffnen.

2. Sf5—h6† Kg8—g7
3. g4—g5 Lf6—d8
4. Db3—g3 ....

Bedroht Se5, Bd6, Tc7 und bringt die Dame über h4 nach h6.

4. .... f7—f6

Das ist korrekt: Schwarz öffnet sich eine Linie, um auf dieser Angriff zu erlangen. Deckt Weiß den Bauern mit 5. h3—h4, so folgt:

f6—g5:; 6. h4—g5:, Tf8—f4:; 7. Dg3—f4:, Lc8—g5: und falls 8. Df4—g5:, so Se5—f3†.

5.	Sh6—f5†	Kg7—h8
6.	Sf5—h4	f6—g5:
7.	Lf4—g5:	Ld8—g5:
8.	Dg3—g5:	d4—d3

Jetzt beginnt Schwarz den Gegenangriff auf Bf2.

9.	Kg1—h1	Tc7—c2
10.	Te1—e3	Tf8—f2:
11.	Sh4—g2	d3—d2
12.	Ta1—g1	Tc2—c1
13.	Dg5—e7	Tc1—g1+
14.	Kh1—g1:	d2—d1D†

nebst Matt in einigen Zügen.

Dr. S. Tarrasch.

Dr. Em. Lasker.
Diagramm 93.

D. Janowski.

Dr. Em. Lasker.
Diagramm 94.

3. Gegenangriff.

(Diagramm 94.)

Der weiße Sd4 steht unter Drohung und die Dame kann sich dem Druck des Td8 nicht entziehen. Die schwarze Drohung, Sd4 zu gewinnen, hindert Weiß ferner an den Vorbereitungszügen für die Rochade. Infolge dieses Umstandes ist die weiße Stellung recht schwierig und Weiß sieht seine Rettung nur in einem gegen Sc6 gerichteten Gegenangriff.

1.	b2—b4	Da5—e5
2.	Sc3—b5	....

Vertreibt die Dame und befreit den eigenen Springer. Weiß hat also die verstärkte Deckung des Sd4 erreicht. Er hatte die Wahl zwischen Sc3—e2, was den Lf1 dauernd eingesperrt und die Rochade vereitelt hätte, und dem Textzug, der ihm Angriffsmöglichkeiten bietet. Zieht Schwarz z. B. a7—a6, so opfert Weiß einen Springer und erlangt einen sehr starken Angriff: 3. Dd1—c1, a6—b5:; 4. Sd4—c6:, b7—c6:; 5. Dc1—c6+, De5—c7; 6. Dc6—a6† usw.

2. .... Sh6—f5
3. Ta1—c1 ....

Deckt Sd4 durch Fesselung des Sc6. Weiß opfert einen Bauern, um dafür einige Chancen zu erlangen.

3. .... Sf5—e3:
4. f2—e3: De5—e3+
5. Lf1—e2 Lf8—e7

Sehr gut. Die Schwäche der schwarzen Stellung bestand in der Schutzlosigkeit des Td8. Deswegen konnte auch der König nicht ziehen, um den Springer frei zu bekommen. Nun wird aber gleichzeitig der Turm gedeckt und eine neue Figur in den Kampf gebracht. Die Schwäche würde offenbar, wenn statt des Textzuges nach dem Rat eines Erklärers Le6—b3 geschehen wäre: 6. Sb5—a7+, Kc8—c7 (wenn Kc8—b8; 7. Sd4—c6+); 7. Sd4—b5†, Kc7—b6 (wenn Kc7—b8; 8. Dd1—d8+ nebst Tc1—c8 matt); 8. Tc1—c6+, b7—c6:; 9. Dd1—d8+ und gewinnt.

6. Tc1—c3 ....

Zieht die schwarze Dame weg, so rochiert Weiß, entfesselt seine Figuren und schreitet zum Angriff auf den Damenflügel. Schwarz steht vor dem entscheidenden Augenblick. Sein Angriff brachte einen Bauern ein. Muß er nun die Rolle des Angreifers an seinen Gegner abgeben oder kann er selbst weiter aktiv vorgehen? Im letztgenannten Fall muß er zu sehr energischen Maßregeln, etwa zum Damenopfer greifen: De3—c3: nebst Sc6—d4:. Im anderen Falle heißt es für ihn, den Zusammenbruch seines Angriffes eingestehen. Schwarz greift aber zu einem dritten, freilich noch schlechteren Mittel. Nicht willens, zur Verteidigung überzugehen, beharrt er im Angriff, zeigt aber wenig Entschlossenheit und muß die Initiative nur zu bald an Weiß abtreten.

6. .... Le7—h4†
7. g2—g3 De3—e4
8. 0—0 Lh4—f6
9. Tf1—f6: ....

Weiß aber schreitet begeistert zum Gegenangriff. Er tauscht die Figur, die Sd4 angreift, und hat in Anbetracht des Umstandes, daß Th8 nicht mitspielt, eine Mehrfigur im Treffen.

9. .... g7—f6:
10. Le2—f3 De4—e5

Nun greifen vier weiße Figuren den nur einmal gedeckten Sc6 an.

11. Sb5—a7+ Kc8—c7
12. Sa7—c6: b7—c6:
13. Tc3—c6+ Kc7—b8
14. Tc6—b6† Kb8—c8
15. Dd1—c1† Kc8—d7
16. Sd4—e6: und gewinnt

4. Verteidigung mittels Gegenkombination.

(Diagramm 95.)

1. De2—g4 a6—a5
2. b4—a5: Db6—a5:
3. Sd4—e6: ....

Das Springeropfer bringt neues Leben in die sonst völlig ausgeglichene Partie. Die Annahme würde offensichtlich den Verlust eines Läufers zur Folge haben.

R. Przepiórka.

J. Gunsberg.
Diagramm 95.

3. .... Td8—d1:
4. Tf1—d1: h7—h5

Nun stehen Dame und Springer ein; außerdem droht durch Da5—d5 Matt und gleichzeitiger Angriff auf den Turm und Springer.

5. Dg4—g3 Da5—d2

Auf f7—e6: folgt 6. Lb1—g6:.

6. Td1—f1 Tc8—c1
7. Lb1—d3 Tc1—f1+
8. Ld3—f1: Dd2—c2

Weiß drohte Dg3—b8†.

9. Dg3—b8† Lb7—c8
10. Se6—c7 Lf6—e5
11. Db8—c8+ Kg8—h7
12. Dc8—d7 Dc2—c7:
13. Dd7—c7: Le5—c7:
14. Lf1—b5 Lc7—d6
15. Lb5—a4: Ld6—a3:

Unentschieden.

Kapitel V.

Zusammenstoß.

1. Zusammenstoß im Zentrum.

(Diagramm 96.)

Schwarz hat einen glänzenden Freibauern auf d4, der freilich gestoppt und dadurch gefährdet ist, daß sich fünf weiße Figuren auf den ihn deckenden Bc5 stürzen können. Wohl vermag ihn Schwarz fünffach zu schützen, aber dann sind all seine Figuren zur Verteidigung herangezogen und dem Gegner glückt es, mit b3—b4 einen der beiden Bauern zu erobern. Daher faßt Schwarz den Plan, den c-Bauern vorzustoßen. Die Folge ist, daß der c-Bauer zwar dem konzentrierten Angriffe entzogen, Bd4 hingegen schwach und das nächste Angriffsziel des Weißen wird.

E. Cohn.

O. Duras.

Diagramm 96.

1. .... De7—h4
2. g2—g3 Dh4—h5
3. Kg1—g2 c5—c4
4. Sd3—f4 Dh5—e5
5. La3—f8: c4—c3
6. Dd2—d3 Sd7—f8:
7. Sf4—d5 ....

Weiß droht nun vor allem anderen Te1—d1 und Angriff auf Bd4. Sf8—e6 deckt nicht, weil durch Sd5—e7† die Qualität verloren ginge. Gegen andere Vorbereitungszüge droht Weiß f3—f4 und damit die Vertreibung der Dame. Schwarz entscheidet sich für seine starken Freibauern und opfert die Qualität.

7. .... Td8—d5:
8. e4—d5: De5—d5:
9. Te1—d1 Sf8—e6

Deckt nicht nur Bd4, sondern auch Bc3, weil Schwarz nach dem Generalabtausch durch c3—c2 gewinnen könnte.

10. Dd3—a6: Tc8—a8
11. Da6—e2 d4—d3

Schwarz beginnt nun einen direkten Königsangriff mit Hilfe des flankierend wirkenden Turmes.

12. Td1—d3: De5—g5
13. De2—e3 Ta8—a2+

14.	Kg2—g1	Dg5—h5
15.	h2—h4	Dh5—f5

Droht Df5—h3. Falls g3—g4, dann Df5—f4; 18. De3—f4:, Se6—f4: mit der Drohung Sf4—e2†.

16.	Td3—c3:	Df5—h3
17.	Tc3—c8†	Kg8—g7

Schwarz hält seine Stellung für sehr stark und begeht hier einen Fehler. Se6—f8 hielt vermutlich das Spiel durch Dauerschach unentschieden. Nun geht Weiß zum Angriff vor und deckt sich gleichzeitig. Er verstärkt seine eigene und schwächt die gegnerische Stellung, so daß die Schlußkombination für ihn entscheidet.

18.	De3—e5†	f7—f6
19.	Tc1—c7†	Kg7—h6
20.	De5—e3†	g6—g5
21.	h4—g5:+	Se6—g5:

Trotz allem war f6—g5: besser: 22. De3—e6:+, Dh3—e6:; 23. Tc7—c6 und Schwarz käme ohne Bauernverlust davon. Jetzt aber spielt er auf Matt und verliert erst recht.

22.	Tc7—h7:+	Kh6—h7:
23.	De3—e7†	Kh7—g6
24.	Tc8—g8†	Kg6—f5
25.	Tg8—g5:+	Schwarz gab auf,

denn die Dame geht verloren.

2. Zusammenstoß im Zentrum und auf den Flügeln.

(Diagramm 97.)

1.	0—0—0	....

Damit eröffnet Weiß den Königsangriff, denn er droht Lf1—c4 nebst d4—d5. Dieser Zug bedeutet den Zusammenbruch der schwarzen Bauernstellung und die Möglichkeit eines Angriffes auf Bh7. Deswegen geht Schwarz seinerseits zum Angriff vor.

1.	....	Dd5—a2:
2.	d4—d5	e6—d5:
3.	Lf1—b5	Ke8—f8
4.	Lb5—c6:	b7—c6:
5.	Dc3—f6:	....

Weiß droht Sf3—g5 und Th1—e1. Gleichzeitig deckt die Dame den schwachen Punkt b2.

5.	....	Da2—a1†
6.	Kc1—d2	Da1—a5†
7.	c2—c3	Ta8—b8

Weil nun Bb2 ungeschützt ist. Falls 8. Td1—b1, so d5—d4 und der Punkt g5 ist durch die Dame gedeckt; falls Df6—d4:, kann Schwarz Lc8—f5 spielen und hält die Drohung Tb8—b2: in Reserve.

8. Sf3—g5 Tb8—b2+
9. Kd2—e1 Tg8—g5:

Es gibt keine andere Verteidigung gegen die Mattdrohung Df6—f7 matt. Nimmt jetzt Weiß den Turm, so folgt Lc8—a6 nebst Da5—c3+.

10. Df6—d8† Kf8—g7
11. Dd8—g5+ Kg7—f8

Unentschieden. Weiß kann nicht auf Gewinn spielen. Auf 12. Ke1—f1 folgt Lc8—a6† und infolge des eingesperrten Turmes wäre das Spiel sogar verloren.

F. J. Marshall.

Dr. Em. Lasker.
Diagramm 97.

O. Duras.

L. Forgacs.
Diagramm 98.

3. Zusammenstoß auf verschiedenen Flügeln.

(Diagramm 98.)

Um einem Angriff auf den eigenen Königsflügel zuvorzukommen, beginnt Schwarz einen Gegenangriff auf der Damenseite.

1. .... a6—a5
2. Lc2—b1 Ta8—b8
3. g2—g4 b5—b4
4. c3—b4: a5—b4:
5. La3—c1 Sg6—e7
6. Te3—g3 Te8—c8

Schwarz setzt seinen Angriff energisch fort in der Hoffnung, eine offene Turmlinie zu gewinnen und einen Freibauern zu erhalten.

7. Df2—c2 g7—g6

Droht f5—g4:.

8. g4—g5 ....

Es scheint, als ob durch diesen Zug Weiß sein Spiel am Königsflügel blockiere, in Wirklichkeit handelt es sich aber um eine neue Angriffsoperation und einen Schutz gegen den augenblicklichen gegnerischen Ansturm.

8. .... c7—c5

Das Opfer dieses Bauern gewährt Schwarz gute Aussichten, doch wäre eine Vorbereitung des Zuges vielleicht besser gewesen.

9. d4—c5: d5—d4

Schwarz droht Le6—c4, Se7—d5; d4—d3, b4—b3 usw., so daß es verwunderlich ist, daß Weiß all diesen Angriffen eine Verteidigung sollte entgegensetzen konnte.

10. Dc2—d2 Le6—c4
11. Tf1—e1 Df7—d5
12. a2—a3 b4—b3
13. Lc1—b2 Se7—c6

Weiß hat die unmittelbaren Drohungen seines Gegners zurückgewiesen und zwingt dessen Figuren, Bd4 zu schützen. Nur eine Drohung besteht noch: die Wegnahme des Bc5, zumal die Stärke des schwarzen Spieles auf den beiden Freibauern beruht. Deswegen beginnt jetzt Weiß einen Angriff.

14. h2—h4 Kg8—f7

Besser war sofortiges Kg8—g7.

15. e5—e6† Kf7—g7
16. h4—h5 Tc8—e8
17. Tg3—e3 Kg7—f8
18. h5—g6: ....

Eine wahrhaft schöne und bei aller Vorsicht tiefe Kombination. Schlägt Schwarz, so besetzt die Dame die offene Turmlinie.

18. .... d4—e3:
19. g6—h7: Kf8—e7
20. Te1—e3: Te8—f8

Die Dame darf wegen Lb2—f6 matt nicht geschlagen werden.

21. Dd2—d5: Lc4—d5:
22. h7—h8D ....

Noch schneller entschied g5—g6.

22. .... Tf8—h8:
23. Lb2—f6† Ke7—f8
24. Lf6—h8: und gewinnt leicht.

4. Zusammenstoß auf demselben Flügel.

(Diagramm 99.)

Der weiße Angriff richtet sich gegen den Königsflügel. Der eigene Be4 hindert aber den Lb1, ins Spiel zu kommen, weswegen für diesen eine offene Diagonale geschaffen werden muß.

1. Tf4—f5 De5—c3

Wenn g6—f5:, so 2. Sg3—f5+, Kg7—h7; 3. Sf5—h6:, Kh7—h6:; 4. Df2—h4†, Kh6—g7; 5. Tf1—f5 usw.

2. e4—e5 d6—e5:

Schwarz muß schlagen, weil sonst e5—e6 kommt. Der Turm kann wegen Tf5—f7+ nicht nehmen.

R. Teichmann.

O. Duras.

Diagramm 99.

3. Tf5—g5 Kg7—h7

Es drohte nämlich Df2—f6†.

4. Sg3—f5 g6—f5:

Sonst gewinnt Weiß die Qualität. Wir sehen, wie Weiß mit Hilfe zweier Opfer die Läuferdiagonale öffnet.

5. Df2—f5+ Th6—g6

Kh7—h8 würde mit 6. Tg5—h5 beantwortet.

6. Df5—f6 Dc3—d4†

7. Tf1—f2 Dd4—d1†

8. Kg1—h2 e5—e4

Schwarz opfert einen Turm, um die Läuferdiagonale zu schließen und einige Freiheit zu bekommen. Wir haben es mit einem Beispiel von Übergang aus der passiven Verteidigung zum Gegenangriff zu tun, herbeigeführt durch das Rückopfer einer früher gewonnenen Figur.

9. Df6—e7: Tg6—h6†

10. Kh2—g3 Dd1—e1

Weiß drohte Tf2—f7+. Auf Dd1—b3+ folgt 11. Tf2—f3 mit dem gleichen Drohspiel.

11. De7—e8: De1—e3†

12. Kg3—g4 ....

Weiß schreckt nicht davor zurück, den König vorwärts zu ziehen: er hegt die feste Zuversicht, daß seine Angriffsstellung stärker als die des Gegners sei.

12. .... f7—f5†

13. Tg5—f5: Th6—g6†

Droht ein zweizügiges Matt, aber —

14. De8—g6+! ....

Durch dieses neue Opfer gewinnt Weiß wieder die für ihn entscheidende Initiative. Nirgends ist eine vergleichsweise Wertung von Kraft, Raum und Zeit so klar zu ersehen als bei diesem Spiel.

14. .... Dh7—g6:
15. Tf5—f6† Kg6—g7
16. Tf6—f7† Kg7—g8
17. Tf7—f8† Kg8—g7
18. Tf2—f7† Kg7—g6
19. Tf7—f6† Kg6—g7
20. Tf8—f7† Kg7—g8
21. Kg4—h5 ....

Ausgezeichnet! Weiß droht nun ein unabwendbares Matt.

21. .... De3—e2†
22. g2—g4 Schwarz gab auf.

5. Zusammenstoß auf dem ganzen Brett.

(Diagramm 100.)

Durch ein Bauernopfer hat Schwarz ein starkes Zentrum gewonnen und sich eine ausgezeichnete Diagonale für den Damenläufer gesichert, um die kurze Rochade des Gegners zu verhindern. Er glaubt offenbar, auch die lange Rochade vereiteln zu können. Weiß hat zum Zweck der Verteidigung eines Bauern einen Springer außer Spiel gebracht und glaubt, daß er gerade die Stellung dieser Figur zu einem aktiven Vorgehen und zur Durchführung eines Angriffes ausnützen könne.

Dr. S. Tarrasch.

H. N. Pillsbury.
Diagramm 100.

1. Lc1—g5 Lc8—a6
2. Lg5—f6: De7—f6:
3. De2—h5† Ke8—d7
4. Sh4—g6 Df6—d4:

Schwarz verfolgt konsequent seine Idee: den feindlichen König in der Mitte festzuhalten und gibt in dieser Absicht einen Turm preis, zumal er in Rechnung setzen kann, daß ja auch einer der weißen Türme nicht mitspielt.

5. Sg6—h8:	Lf8—c5
6. Dh5—h4	Ta8—h8:
7. Ta1—d1	Dd4—b4

Droht d5—d4.

8. Dh4—g4	Kd7—d8
9. Dg4—g7:	Th8—e8
10. Dg7—f6†	Kd8—d7
11. a2—a3	....

Befreit den Springer und droht, nach Db4—b2: Sc3—d5:.

11.	Db4—b6
12. Td1—d2	e4—e3
13. f2—e3:	Lc5—e3:

So bringt Schwarz seinen Turm ins Spiel und gewinnt eine Figur, deshalb legt Weiß mit seinem Angriff los.

14. Sc3—d5:	Le3—d2 ÷
15. Ke1—d2:	Db6—f2†
16. Kd2—d1	Df2—e2†
17. Kd1—c1	c6—d5:
18. Th1—d1	....

Wie im vorhergehenden Spiel erhält auch hier Weiß durch ein Figurenopfer Angriff. Er hat nun eine freie Stellung und zwei Bauern für den Läufer.

18.	c7—c6
19. Df6—h4	De2—g2:
20. Dh4—h7 ÷	Te8—e7
21. Dh7—h4	Dg2—e4
22. Dh4—h8	De4—f5:
23. Dh8—a8	La6—c8
24. Da8—a7†	Kd7—e8
25. Da7—a5:	Df5—f4†
26. Kc1—b1	Df4—h2:

und Schwarz gewinnt durch den Mehrbesitz eines Läufers gegen einen Bauern.

Schlußwort.

Unsere Studie ist zu Ende. Die Neuheit des Stoffes und der beschränkte Umfang dieses Buches müssen die ihm anhaftenden Mängel entschuldigen, besonders das Fehlen von Einzelheiten, die zur Erlangung der gesteckten Ziele nötig sind, und allgemeinen Bemerkungen bei den verschiedenen Stellungen. Damit diese Studie neue Werke anrege, wären sie nötig und ich hoffe ja auch, daß noch manches über diesen Gegenstand geschrieben werde. Mein Streben lief darauf hinaus, die wichtigsten Stellungstypen herauszuarbeiten, mit denen es der Spieler in der Praxis zu tun hat. Denn ich bin überzeugt, daß eine Partie nicht bloß ein geschlossenes logisches Ganzes bildet, in dem sich jeder Fehler unabwendbar rächt, sondern auch davon, daß allgemein gültige Gesetze bestehen, mit deren Hilfe der Spieler seinen Weg in jedem besonderen Falle zu finden vermag. Oft ist ein Spieler im Vorteil, weiß aber nicht, wie er daraus Nutzen ziehen soll, weil ihm die Einsicht fehlt, worin der Vorteil besteht, und er den richtigen Plan und das erstrebenswerte Ziel nicht entdeckt. Noch häufiger tritt diese Planlosigkeit auf, wenn sich der Spieler im Nachteil befindet. Sehr oft ist er aber gar nicht in der Lage, die Qualität der Stellung zu erkennen, da ihm besondere Merkmale für die richtige Abschätzung nicht an die Hand gegeben sind und er diese Wertung überhaupt nie gelernt hat.

Der Kern dieses Buches ist meines Erachtens gerade das Herausarbeiten der Probleme der Abschätzung, sowie der Entwicklung und Durchführung des Spielplanes und ich habe aus diesem Grunde den genannten Fragen soviel Raum zugewiesen. Wir haben es mit unbestreitbaren Tatsachen zu tun, die das ganze Spiel beherrschen. Konsequenterweise muß sich der Leser die Schlußfolgerungen des ersten Teiles, die die Elemente des Spieles behandeln, gut einprägen und die Eigenheiten dieser Elemente sorgfältig überlegen und erkennen; unterläßt er dies, so wird ihm nie die richtige Abschätzung von Stellungen gelingen. Darauf gründet sich die Führung des Spieles, die wir in drei Arten nach Überlegenheit, Unterlegenheit und Gleichwertigkeit, oder mit anderen Worten in aktives, passives und neutrales Spiel einteilten. Die letzte Art können wir auch als Spiel der Manöver bezeichnen.

In jedem besonderen Falle auf die Einzelheiten einzugehen, war unmöglich; ich hätte sonst Hunderte von Beispielen geben und sie mit der gleichen Gründlichkeit, die ich den Stellungen in Teil II angedeihen ließ, behandeln müssen.

In Teil III ordnete ich die Beispiele nicht nach den Elementen (Raum, Zeit und Kraft) in der Annahme, daß der Leser schon hinreichend damit vertraut sei, sondern nach dem Charakter und den Eigenheiten jeder Stellung. Ich habe besondere Fälle betrachtet, von denen jeder vorher aufgestellte Behauptungen betrifft, und erläutert. Ich muß diese Anpassung der Leitsätze an die einzelnen Fälle dem Leser selbst überlassen, denn die Beispiele dienen als eine Sammlung von Übungsaufgaben für den Inhalt dieses Buches.

Ich hoffe, daß mein Buch manchem Spieler beim praktischen Spiel von Nutzen sein, noch mehr aber, daß es zum tieferen Verständnis des Schachspiels beitragen werde. Das betrachte ich als das Wichtigste, denn Schach ist das tiefste und am meisten logische Spiel, das in allen seinen Eigenheiten und Gesetzen ergründet werden soll. Ohne dieses Verständnis vermag man weder selbst korrekt zu spielen, noch das Spiel anderer zu begreifen und den wahren Wert der ihm zugrunde liegenden Ideen zu erkennen.

Wenn mein Buch dieser Aufgabe bei den Schachliebhabern gerecht wird, so bin ich wohl belohnt für die große Mühe, die es mir bereitet hat.

Metzger & Wittig, Leipzig.

FSC
www.fsc.org
MIX
Papier | Fördert gute Waldnutzung
FSC® C083411

Zeitfracht Medien GmbH
Ferdinand-Jühlke-Straße 7
99095 Erfurt, Deutschland
produktsicherheit@kolibri360.de